VDE-Schriftenreihe **55**

Diesen Titel zusätzlich als E-Book erwerben und 60 % sparen!

Als Käufer dieses Buchs haben Sie Anspruch auf ein besonderes Angebot. Sie können zusätzlich zum gedruckten Werk das E-Book zu 40 % des Normalpreises erwerben.

Zusatznutzen:
– Vollständige Durchsuchbarkeit des Inhalts zur schnellen Recherche.
– Mit Lesezeichen und Links direkt zur gewünschten Information.
– Im PDF-Format überall einsetzbar.

Laden Sie jetzt Ihr persönliches E-Book herunter:
– **www.vde-verlag.de/ebook** aufrufen.
– **Persönlichen, nur einmal verwendbaren E-Book-Code** eingeben:

404007DU9U9S6YQX

– E-Book zum Warenkorb hinzufügen und zum Vorzugspreis bestellen.

Hinweis: Der E-Book-Code wurde für Sie individuell erzeugt und darf nicht an Dritte weitergegeben werden. Mit Zurückziehung des Buchs wird auch der damit verbundene E-Book-Code ungültig.

Der Autor

Dipl.-Ing. **Siegfried Rudnik** war Mitarbeiter in nationalen und internationalen Normungsgremien zu den Themen: Elektrische Sicherheit und Maschinensicherheit. Als Delegierter des Verbands ZVEI war er in den internationalen Normengremien IEC TC 44, IEC TC 64 und ISO TC 199 einschließlich deren Arbeitsgruppen für bestimmte Normen als Experte delegiert. National leitete er den Gemeinschaftsarbeitskreis des K 221 und des K 721 für die Normungsarbeit beim Thema „Koordinierung des Potentialausgleichs von Gebäuden" (DIN VDE 0100-444) und parallel dazu den Arbeitskreis für „Erdungsanlagen und Schutzleiter" (DIN VDE 0100-540).
2011 verlieh die Internationale Elektrotechnische Kommission (IEC) Siegfried Rudnik den IEC-1906-Award. Mit dem Award 1906 würdigt die IEC besonders aktive technische Experten in den IEC-Gremien. Im Mai 2014 wurde er mit der DKE-Nadel geehrt.

VDE-Schriftenreihe Normen verständlich **55**

EMV-Fibel für Elektroniker, Elektroinstallateure und Planer

Maßnahmen zur elektromagnetischen Verträglichkeit nach DIN VDE 0100-444

Dipl.-Ing. Siegfried Rudnik

3., neu bearbeitete Auflage 2015

VDE VERLAG GMBH

Auszüge aus DIN-Normen mit VDE-Klassifikation sind für die angemeldete limitierte Auflage wiedergegeben mit Genehmigung 262.015 des DIN Deutsches Institut für Normung e. V. und des VDE Verband der Elektrotechnik Elektronik Informationstechnik e. V. Für weitere Wiedergaben oder Auflagen ist eine gesonderte Genehmigung erforderlich.

Die zusätzlichen Erläuterungen geben die Auffassung der Autoren wieder. Maßgebend für das Anwenden der Normen sind deren Fassungen mit dem neuesten Ausgabedatum, die bei der VDE VERLAG GMBH, Bismarckstr. 33, 10625 Berlin und der Beuth Verlag GmbH, Burggrafenstr. 6, 10787 Berlin erhältlich sind.

Das Werk ist urheberrechtlich geschützt. Jede Verwertung außerhalb der engen Grenzen des Urheberrechtsgesetzes ist ohne Zustimmung des Verlags unzulässig und strafbar. Die Wiedergabe von Gebrauchsnamen, Handelsnamen, Warenbeschreibungen etc. berechtigt auch ohne besondere Kennzeichnung nicht zu der Annahme, dass solche Namen im Sinne der Markenschutz-Gesetzgebung als frei zu betrachten wären und von jedermann benutzt werden dürfen. Aus der Veröffentlichung kann nicht geschlossen werden, dass die beschriebenen Lösungen frei von gewerblichen Schutzrechten (z. B. Patente, Gebrauchsmuster) sind. Eine Haftung des Verlags für die Richtigkeit und Brauchbarkeit der veröffentlichten Programme, Schaltungen und sonstigen Anordnungen oder Anleitungen sowie für die Richtigkeit des technischen Inhalts des Werks ist ausgeschlossen. Die gesetzlichen und behördlichen Vorschriften sowie die technischen Regeln (z. B. das VDE-Vorschriftenwerk) in ihren jeweils geltenden Fassungen sind unbedingt zu beachten.

Bibliografische Information der Deutschen Nationalbibliothek
Die Deutsche Nationalbibliothek verzeichnet diese Publikation in der Deutschen Nationalbibliografie; detaillierte bibliografische Daten sind im Internet über http://dnb.dnb.de abrufbar.

ISBN 978-3-8007-4007-9 (Buch)
ISBN 978-3-8007-4008-6 (E-Book)
ISSN 0506-6719

© 2015   VDE VERLAG GMBH · Berlin · Offenbach
Bismarckstr. 33, 10625 Berlin

Alle Rechte vorbehalten.

Druck: Medienhaus Plump GmbH, Rheinbreitbach
Printed in Germany   2015-07

Zur ersten Auflage von Band 55 der VDE-Schriftenreihe

Seit Veröffentlichung der dritten Auflage des Bands 66 der VDE-Schriftenreihe „EMV nach VDE 0100" im Dezember 2000 erhielt ich so viele Anregungen von Elektroinstallateuren und -planern, dass ich mich kurzfristig entschloss, diese „EMV-Fibel" zu schreiben.

Dankenswerterweise erhielt ich auch die Unterstützung des Lektorats des VDE VERLAGs und die Unterstützung einiger Kollegen aus der Normungsarbeit.

Die „EMV-Fibel" soll es dem Planer und Errichter elektrischer Anlagen von Gebäuden ermöglichen, elektromagnetische Störungen, die von diesen Anlagen ausgehen können oder auf diese Anlagen zukommen, zu vermeiden oder zumindest zu reduzieren. Einige der gültigen Normen der Normenreihe DIN VDE 0100 geben sachgerechte Unterstützung, insbesondere der „Teil 444" vom Oktober 1999.

Im September 2001 werden zwei bedeutende Normen für den im Teil 444 behandelten Themenkreis hinzukommen:

- die DIN EN 50310 (**VDE 0800-2-310**):2000, Informationstechnik – Anwendung von Maßnahmen für Potentialausgleich und Erdung in Gebäuden mit Einrichtungen der Informationstechnik,
- die DIN EN 50174-2 (**VDE 0800-174-2**):2000, Informationstechnik – Installation von Kommunikationsverkabelung – Teil 2: Installationsplanung und -praktiken in Gebäuden.

Sie wird die „Vornorm" DIN V VDE V 0800-2-548:1999-10 „Elektrische Anlagen von Gebäuden – Auswahl und Errichtung elektrischer Betriebsmittel – Erdung und Potentialausgleich für Anlagen der Informationstechnik" (IEC 60364-5-548:1996) ergänzen oder ersetzen.

Auf diese Normen für elektrische Anlagen von Gebäuden im Zusammenhang mit der elektromagnetischen Verträglichkeit wird in der „EMV-Fibel" ausführlich eingegangen.

Immer wieder kommt es im Zusammenhang mit elektrischen Anlagen von Gebäuden zu elektromagnetischen Störungen und zu beachtlichen Überspannungsschäden.

Planer und Errichter von elektrischen Anlagen von Gebäuden und vergleichbaren Einrichtungen müssen durch richtige Planung, die richtige Auswahl und durch zweckmäßiges Errichten der elektrischen Betriebsmittel in Gebäuden zur „Elektromagnetischen Verträglichkeit" (EMV) zwischen den Betriebsmitteln und den Anlagen beitragen.

Frankfurt am Main *Wilhelm Rudolph*
im April 2001

Zur zweiten Auflage von Band 55 der VDE-Schriftenreihe

Die zweite Auflage von Band 55 der VDE-Schriftenreihe wurde notwendig, da in der Zwischenzeit die entsprechenden Normen zum Thema EMV überarbeitet wurden oder neu entstanden sind.

So konnte der „Technische Bericht R064-004:1999-02 – Section 444: Protection against electromagnetic inferences (EMI)" in der überarbeiteten Version jetzt als europäische Norm herausgegeben werden.

Durch die Aufnahme von Anforderungen für Mehrfacheinspeisungen in der DIN VDE 0100-100:2009-06 wurden auch die EMV-Aspekte bei solchen Stromversorgungen in der DIN VDE 0100-444 aufgenommen.

Auch das DKE-Komitee „Sicherheit von Anlagen der Informations- und Kommunikationstechnik einschließlich Potentialausgleich und Erdung" hat die Normen in seinem Verantwortungsbereich überarbeitet und neu herausgebracht. Dies sind z. B.:

- DIN EN 50310 (**VDE 0800-2-310**):2011-05 Anwendung von Maßnahmen für Erdung und Potentialausgleich in Gebäuden mit Einrichtungen der Informationstechnik,
- DIN EN 50174-1 (**VDE 0800-174-1**):2009-09 Informationstechnik – Installation von Kommunikationsverkabelung – Teil 1: Installationsspezifikation und Qualitätssicherung,
- DIN EN 50174-2 (**VDE 0800-174-2**):2009-09 Informationstechnik – Installation von Kommunikationsverkabelung – Teil 2: Installationsplanung und Installationspraktiken in Gebäuden.

Durch die Zusammenarbeit der betroffenen deutschen Gremien wurde ein Verständnis für die jeweiligen Anforderungen an eine EMV-gerechte Installation entwickelt, das sich auch in den überarbeiteten Normen widerspiegelt.

Die EMV-Fibel soll auch in ihrer zweiten Auflage nur eine Hilfestellung und ein Schnelleinstieg in die komplexe Welt der EMV sein. Diese Fibel enthält keine Grundlagen, z. B. über magnetische oder elektrische Felder, sondern zeigt auf, dass bei richtiger Auswahl von elektrischen Betriebsmitteln und bei Beachtung der besonderen Installationsanforderungen dazu bereits ein Großteil der EMV erreicht wird.

Tuchenbach　　　　　　　　　　　　　　　　*Siegfried Rudnik*
im Juli 2011

Zur dritten Auflage von Band 55 der VDE-Schriftenreihe

Die dritte Auflage wurde aufgrund von Änderungen bei der Überarbeitung in referenzierten anderen Normen notwendig. Auch das Verständnis für eine EMV-gerechte Elektroinstallation bei den Planern und den Errichtern erfordert weitere neue Informationen.

Das verbesserte Verständnis für die gesetzlichen Anforderungen der EMV-Richtlinie gerade für ortsfeste Anlagen und die damit verknüpften vereinfachten Maßnahmen konnte in den letzten Jahren gesteigert werden.

Die Anforderungen für EMV-Maßnahmen haben sich in den Normen für die Errichtung von informationstechnischen Anlagen als auch die Normen für elektrische Anlagen untereinander angenähert. Teilweise wurden in den Normen für elektrische Anlagen (z. B. DIN VDE 0100-444) Anforderungen aus den Normen für die Errichtung von informationstechnischen Anlagen (z. B. DIN EN 50174-2 (**VDE 0800-174-2**)) übernommen.

Neu hinzugekommen sind Anforderungen durch die Überarbeitung der DIN 18014 für Fundament-/Funktionserder, in der jetzt z. B. eine Abnahme mit Protokoll und Detailfotos vor dem Zubetonieren der Erderanlage gefordert wird. Auch die DIN VDE 0100-540 wurde inzwischen in überarbeiteter Version veröffentlicht. Gerade die Anforderungen an die Qualität des Erdermaterials wurden gründlich überarbeitet und an die heutigen Erfahrungen, insbesondere bei der Korrosion, angepasst.

Die Berücksichtigung von betriebsmäßigen Ableitströmen, die zu vagabundierenden Streuströmen führen können und damit leistungsstarke Wechselfelder mit einem umfangreichen Frequenzband erzeugen, sind EMV-technisch neu zu bewerten.

Tuchenbach *Siegfried Rudnik*
im Mai 2015

Vorwort

Kann man mit einfachen Mitteln die elektromagnetische Verträglichkeit (EMV) in einer Elektroinstallation herstellen? ... Man kann.

Ohne die Erfahrungen und den Mut zum Ausprobieren in der Vergangenheit hätten wir heute ohne unsere „Altvorderen" bei der Elektroinstallation keine so umfassenden Regeln zur EMV. Natürlich kann alles gemessen werden, und auch die physikalischen Eigenschaften sind bekannt, doch das Zusammenwirken der Einrichtungen zueinander ist ein komplexer Vorgang und kann in der Regel nicht berechnet werden. Deshalb sind auch teure EMV-Messlabors und Messgeräte notwendig. Da eine Elektroinstallation, einschließlich der integrierten bzw. verwendeten elektrischen und elektronischen Betriebsmittel, mit ihrem Gebäude in seiner Gesamtheit messtechnisch nur schwer zu überprüfen ist, müssen bereits bei der Planung der Elektroinstallation EMV-Maßnahmen vorgesehen werden. Nachträgliche Veränderungen sind teuer oder teilweise nicht mehr möglich.

Wenn die in dieser Fibel beschriebenen grundsätzlichen Praktiken beachtet werden und auch die für den vorgesehenen EMV-Bereich geeigneten elektrischen Betriebsmittel (elektrische Geräte) ausgewählt und die von den Herstellern der verwendeten elektrischen Betriebsmittel vorgegebenen EMV-Maßnahmen berücksichtigt werden, sind schon die wesentlichen Anforderungen zur elektromagnetischen Verträglichkeit erfüllt.

Diese Fibel stellt, ohne auf die komplexen Hintergründe einzugehen, Methoden dar, mit denen der Großteil der EMV-Problematik in einer Elektroinstallation gelöst werden kann.

Die europäische Richtlinie zur elektromagnetischen Verträglichkeit 2014/30/EU (EMV-Richtlinie, [1]) hat die EMV-Anforderungen für „ortsfeste Anlagen" relativiert, da ein Gebäude mit seiner Elektroinstallation weder in ein EMV-Prüflabor gestellt werden kann noch überprüft werden kann, wann einzelne Betriebsmittel dieser Elektroinstallation gestört oder sogar zerstört werden. Eine Elektroinstallation ist in der Regel eine einmalig errichtete Einrichtung am Ort der Verwendung und kann üblicherweise auch nicht exportiert werden. Damit müssen auch nicht die strengen EU-Vorgaben für den freien Warenverkehr innerhalb der Europäischen Union erfüllt werden.

Heute gibt es eine Vielzahl von Normen mit EMV-Anforderungen für elektrische Anlagen. DIN VDE 0100-444 [2] enthält diesbezüglich wertvolle anwendbare Anforderungen, aus der diese Fibel die grundsätzlichen Methoden für die EMV-gerechte Errichtung einer Anlage ableitet.

Wilhelm Rudolph – Würdigung für die Neuauflage der „EMV-Fibel", VDE-Schriftenreihe Band 55

Diplom-Ingenieur **Wilhelm Rudolph** (1928 bis 2004) war Oberingenieur bei der Allgemeinen Elektricitäts-Gesellschaft (AEG) in Frankfurt am Main. Erste Erfahrungen sammelte er in den Jahren 1945 bis 1948 während seiner Lehre zum Elektroinstallateur in einem Frankfurter Betrieb des Elektrohandwerks. Nach seinem Studium und bevor er zur AEG kam, arbeitete er drei Jahre beim Technischen Überwachungsverein (TÜV) in Koblenz am Rhein. Dort prüfte er elektrische Anlagen in Gebäuden, in der Industrie und im Bergbau sowie Blitzschutzanlagen. 36 Jahre lang war er bei AEG Projektleiter für elektrische Anlagen von industriellen und nichtindustriellen Gebäuden – in Deutschland und im Ausland. Dabei sammelte er umfangreiche Erfahrungen beim Anwenden vieler, thematisch sehr unterschiedlicher Regeln der Technik, darunter Normen zur elektromagnetischen Verträglichkeit (EMV).

In den Jahren von 1972 bis 1992 war er Mitarbeiter in verschiedenen deutschen Komitees der Elektrotechnik, insbesondere im DKE-Komitee K 221 für DIN VDE 0100 „Errichten von Niederspannungsanlagen" und als Obmann in dessen Unterkomitee für internationale Zusammenarbeit. In den Spiegelgremien bei IEC und CENELEC, den Technischen Komitees TC 64 war er sowohl deutscher Delegierter als auch Mitglied in mehreren nachgeordneten Arbeitsgruppen, wobei er hohes Ansehen genoss. Seit dem Jahr 1990 hat er in das IEC TC 64 Vorschläge für besondere Abschnitte über EMV in elektrischen Anlagen von Gebäuden zur Einarbeitung in die mehrteilige Publikation IEC 60364 eingebracht. Andererseits war er maßgeblich an der Überführung der internationalen und regionalen europäischen Arbeit in DIN VDE 0100 beteiligt und hielt im In- und Ausland zahlreiche Vorträge und Seminare. Er veröffentlichte mehrere Fachbücher in deutscher und englischer Sprache und mehr als 100 Beiträge in Fachzeitschriften.

Als „Mann des Ausgleichs" verkörperte Wilhelm Rudolph in den Jahren von 1980 bis 2004 durch seine ergänzende Mitarbeit im DKE-Komitee K 712 (vormals K 711) für die Normen der Reihe DIN VDE 0800 „Sicherheit von Einrichtungen der Informationstechnik", insbesondere bezüglich Potentialausgleich und Erdung, die wichtige Querverbindung zum Komitee K 221. Für beide Seiten wirkte er mit seinem unbestechlichen Fachwissen als hilfreicher Vermittler und Ratgeber. Dabei konnte er sich ergänzend auf Erkenntnisse stützen, die er seit 1992 (dem Jahr seines Abschieds aus dem Berufsleben) aus der zwölf Jahre seines Ruhestands währenden täglichen Beratung bei Fragen der Anwendung von VDE-Bestimmungen im DKE-Telefonservice sammelte und die zunehmend EMV-Themen berührten. In unzähligen Fällen konnte er praktische Hilfestellung leisten, die sehr gerne angenommen wurde. Vor diesem Hintergrund entstand im Jahr 2001 als vorläufiger Anwendungsleitfaden für jeden „Praktiker" die 1. Auflage des vorliegenden Bands 55 – im Vorgriff auf IEC 60364-4-44:2007 sowie das darauf aufbauende europäische Harmonisierungsdokument HD 60364-4-444:2010 und schließlich DIN VDE 0100-444:2010-10, an deren Ausarbeitung Wilhelm Rudolph – auch jüngste Erkenntnisse umsetzend – noch zielstrebig mitgearbeitet hatte.

Darüber hinaus gehörte er in dieser Zeit bis zuletzt dem VDE-Ausschuss „Geschichte der Elektrotechnik" an, in dem er immer wieder gebeten wurde, die Ergebnisse seiner jahrelang mit großer Hingabe wiederholten Archivrecherchen einzubringen.

Für sein Engagement in der Normung wurde Wilhelm Rudolph 1988 mit der DIN-Ehrennadel ausgezeichnet. 2001 erhielt er die Silberne Ehrennadel des VDE.

Im VDE VERLAG erschienen von Wilhelm Rudolph außer seinen Beiträgen in der ETZ Elektrotechnische Zeitschrift (heute etz Elektrotechnik + Automation) und der 1. Auflage des vorliegenden Bands 55 aus dem Jahr 2001 z. B.:

Rudolph, W.: **Safety of Electrical Installations up to 1 000 Volts** – a commentary on some safety rules of DIN VDE 0100, IEC publication 364; with some explanations of the following rules: IEE wiring regulations (British), NF C 15-100 (French), national electrical code (USA), CENELEC harmonization document 384; with a list of standards (TGL) of the German Democratic Republic (GDR). Berlin · Offenbach: VDE VERLAG, 1990

Rudolph, W.; Winter, O.: **EMV nach VDE 0100** – EMV für elektrische Anlagen von Gebäuden: Erdung und Potentialausgleich nach EN 50130, TN-, TT- und IT-Systeme, Vermeiden von Induktionsschleifen, Schirmung, lokale Netze. VDE-Schriftenreihe, Band 66. Berlin · Offenbach: VDE VERLAG, 2000

Rudolph, W.: **Einführung in DIN VDE 0100** – Elektrische Anlagen von Gebäuden. VDE-Schriftenreihe, Band 39. Berlin · Offenbach: VDE VERLAG, 1999

Darmstadt   *J. Peter Jordans*
im August 2011

Inhalt

1	Die Verantwortung von Architekten, Bauherren und Planern	17
2	Phänomene der EMV und deren Betrachtung	19
3	Gesetzliche Rahmenbedingungen	21
4	Erste Entscheidungen zur EMV	27
4.1	Definition: Wohnbereich	27
4.2	Definition: Industriebereich	28
4.3	Installationsanweisungen der Hersteller von elektrischen Betriebsmitteln	30
4.4	EMV-Checkliste	31
4.5	Massung – Schutzpotentialausgleich	33
5	Grundlagen	35
5.1	Kopplungen	36
5.1.1	Galvanische Kopplung	37
5.1.2	Induktive Kopplung	37
5.1.3	Kapazitive Kopplung	38
5.1.4	Einstrahlung, Abstrahlung, Strahlungskopplung	39
5.2	Magnetisches Wechselfeld bei Kabeln und Leitungen	39
5.2.1	Einleiterkabel	39
5.2.2	Mehraderleitungen	39
5.2.3	Leitfähige Teile	40
5.3	Skin-Effekt	40
6	Vagabundierende Ströme (Streuströme)	43
6.1	Entstehung	43
6.2	TN-C-System	43
6.3	TN-S-System	44
6.4	Frühe Auftrennung des PEN-Leiters in N- und PE-Leiter	45
6.5	Keine PEN-Leiter-Verlegung im Mehrfamilienhaus	46
6.6	TN-System mit Mehrfacheinspeisung	47
6.7	TN-S-System mit umschaltbaren Stromversorgungen	48
6.8	Parallele Verlegung von Einzelleitern	49
7	Schutzpotentialausgleich und Funktionserdung/Massung	53

8	**Entkopplung durch Abstand, Trennung oder Schirmung**	57
8.1	Entkopplung durch Abstand	57
8.2	Entkopplung durch Trennung	58
8.3	Entkopplung durch Schirmung	62
8.3.1	Arten von Schirmen	63
8.3.2	Quetschung von Schirmen	64
8.3.3	Erdung von Schirmen	65
8.3.4	Entlastungsleiter für Schirme	68
8.3.5	Leiterschleifen durch Schirme	73
9	**EMV-Dokumentation**	77
10	**Anhang**	81
10.1	Anhang 1 Systeme nach Art ihrer Erdverbindung und der Bezug zur EMV	81
10.2	Anhang 2 Fundamenterder entsprechend DIN 18014 [34]	84
10.3	Anhang 3 Ableitströme	86
10.4	Anhang 4 Oberschwingungen und die Belastung des Neutralleiters	88
10.5	Anhang 5 Maßnahmen für Einrichtungen der Informationstechnik	89
10.6	Anhang 6 Anforderungen an die Installationsplanung und Installationspraktiken für die Kommunikationsverkabelung	90
10.7	Anhang 7 Verzeichnis von Abkürzungen und Kurzzeichen	92
Literatur		97
Stichwortverzeichnis		101

1 Die Verantwortung von Architekten, Bauherren und Planern

Die EMV-Planung ist keine unnötige Zusatzleistung, die im Rahmen der bisher üblichen Planung einer elektrischen Anlage erbracht werden soll. Die aus einer EMV-Planung heraus resultierenden Maßnahmen müssen direkt in die Bauausführung einfließen. **Tabelle 1.1** vermittelt einen Überblick über solche Maßnahmen, die teilweise zu einem so frühen Zeitpunkt festgelegt werden müssen, dass sie schon in die Bauplanung und schließlich in die Leistungsverzeichnisse der ersten Baumaßnahmen – den Erd- und Rohbauarbeiten – einbezogen werden müssen.

Bauphasen	EMV-Planung, EMV-Maßnahmen (Beispiele)
Planung	Lage des Bauwerks, Raumanordnung, Leitungstrassen, Aufzüge, Raumbedarf für besondere EMV-Maßnahmen, Terminplan für EMV-Maßnahmen
Rohbau	Fundamenterder, Blitzschutzanlage mit Ableitungen, Behandlung der statischen Bewehrung (Verrödeln, Verschweißen, Dehnungsfugen), zusätzliche Erdungs-, Potentialausgleichs- und Schirmungsmaßnahmen, EMV-Kontrollen, besondere Anforderungen an einen ggf. notwendigen Funktionserder
Ausbau	Kabelmanagement, Schirmungsmaßnahmen, Potentialausgleich zwischen Metallteilen wie Rohrleitungen, Geländer, Metallfassaden

Tabelle 1.1 EMV-Betrachtungen in den einzelnen Bauphasen

EMV-Fachleute sind notwendig und haben zwei bedeutende Aufgaben:

1. Überzeugungsarbeit bei Architekten, Bauherren und deren Finanzberatern zu leisten, damit die notwendigen EMV-Maßnahmen bereits in der Planungsphase eines Gebäudes berücksichtigt werden;
2. Lieferanten von elektrischen Betriebsmitteln davon zu überzeugen, dass in den mitzuliefernden Betriebsanleitungen Angaben für eine EMV-gerechte Integration ihrer Produkte in eine elektrische Anlage enthalten sein müssen.

Eine EMV-gerechte Errichtung und Auswahl der Betriebsmittel trägt wesentlich zur Vermeidung von Ausfällen oder Störungen der Anlagen bei, d. h., sie erhöht die Verfügbarkeit von Anlagen und Geräten. EMV-Maßnahmen tragen dazu bei, Kosten zu sparen bzw. Unkosten zu vermeiden.

Vor 50 Jahren waren in Gebäuden im Allgemeinen keine EMV-Maßnahmen erforderlich. Doch durch „Nutzungsänderungen" der Gebäude hat sich in den letzten Jahrzehnten viel geändert.

Vergleichbare Überzeugungsarbeit musste gegen Ende des 19. Jahrhunderts bezüglich des Brandschutzes in elektrischen Anlagen geleistet werden und im 20. Jahrhundert bezüglich des Schutzes gegen elektrischen Schlag.

Beim Durchsetzen der Maßnahmen zum Personenschutz (z. B. Schutz gegen elektrischen Schlag) oder zum Brandschutz half unseren Kollegen im vergangenen Jahrhundert, dass mit einem elektrischen Schlag häufig ein Personenschaden verbunden ist, für den sich die Gerichte interessieren. Für Brände mit großem Sachschaden oder gar Personenschaden gilt dies auch.

Für Schäden infolge mangelnder EMV scheint dies – trotz des EMV-Gesetzes und der Zwangsgeldandrohung im § 13 – anders zu sein. Vieles regeln die Versicherungen.

Wenn Schäden oder Funktionsstörungen und deren Folgen durch fehlende EMV-Maßnahmen größer werden, könnte sich dies ändern. Also ist es besser, schon jetzt die EMV-Anforderungen für elektrische Anlagen zu berücksichtigen.

Die vielfältige Anwendung von Einrichtungen der Informationstechnik in Wohnungen, im Gewerbe, auch Kleingewerbe, in Arztpraxen, in Supermärkten, in Verwaltungsstellen, für Zugangskontrollen – die Aufzählung kann beliebig erweitert werden – macht die Beachtung von Störquellen, auch von scheinbar unbedeutenden Beeinflussungen der Informationstechnik, immer wichtiger. Auch kleine Störungen können große Schäden verursachen.

Auch an die Verfügbarkeit von Anlagen der Informationstechnik – auch in Wohnungen – werden immer höhere Ansprüche gestellt, z. B. beim E-Commerce, Online-Banking, Kabelfernsehen, Satellitenübertragung und die Nutzung von WLAN-Netzen.

2 Phänomene der EMV und deren Betrachtung

Die „EMV-Fibel" wendet sich an den Praktiker – d. h. den Planer und Errichter –, der sich täglich mit dem Installationsgeschäft auseinandersetzen muss. Besonders herausgestellt werden die Berührungspunkte zwischen moderner Informationstechnik und der elektrischen Anlage, die für die EMV von Bedeutung sind:

- Potentialausgleich,
- Erdung,
- Schirmung,
- Trennung (räumlich),
- System nach Art der Erdverbindung.

Die elektromagnetische Verträglichkeit in elektrischen Anlagen kann durch Beachtung der in diesem Buch aufgeführten Maßnahmen zur EMV erreicht werden.

Elektromagnetische Störungen können z. B. Betriebsmittel der Informationstechnik, elektrische Betriebsmittel mit elektronischen Bauteilen oder Stromkreisen negativ beeinflussen oder schädigen.

Blitzableitströme, Schalthandlungen, Kurzschlussströme und andere elektromagnetische Ereignisse können Überspannungen und elektromagnetische Störungen verursachen.

Zu diesen Störungen kommt es,

- wenn große metallische Schleifen (Kopplungsschleifen) vorhanden sind. Schutzpotentialausgleichsanlagen, Metallkonstruktionen (eines Gebäudes) oder (metallene) Rohranlagen für nicht elektrische Versorgungseinrichtungen, z. B. für Wasser, Gas, Heizung oder Klimatisierung, können solche Kopplungsschleifen (Induktionsschleifen) bilden;
- wenn Kabel/Leitungen auf unterschiedlichen Wegen (unterschiedlichen Kabel- und Leitungstrassen) verlegt sind und die mitgeführten Schutzleiter dann, z. B. über Erdungsschienen, miteinander verbunden werden. Solche Schutzleiterkonfigurationen können dann eine große Kopplungsschleife darstellen, die dann für elektromagnetische Wellen empfänglich ist.

Die Höhe der in eine Schleife induzierten Spannung hängt von der Stromänderungsgeschwindigkeit (di/dt) der elektromagnetischen Wellen und von der Größe der Kopplungsschleife ab.

Ebenso können Stromversorgungskabel oder -leitungen Ströme mit hohen Stromänderungsgeschwindigkeiten (di/dt) führen – z. B. bei Aufzügen oder bei Antrieben, die von Umrichtern versorgt werden – in Kabeln oder Leitungen für Anlagen der Informationstechnik Überspannungen induzieren, die informationstechnische Betriebsmittel beeinflussen oder schädigen können.

3 Gesetzliche Rahmenbedingungen

Als Grundlage für gesetzliche Rahmenbedingungen zur EMV in Deutschland dient die europäische EMV-Richtlinie. Da europäische Richtlinien in den Mitgliedsstaaten gesetzlich „umgesetzt" werden müssen, erhielt die EMV-Richtlinie 2004/108/EG in Deutschland durch das Gesetz über die elektromagnetische Verträglichkeit von Betriebsmitteln (EMV-Gesetz, EMVG) von Februar 2008 Gesetzeskraft, siehe **Bild 3.1**.

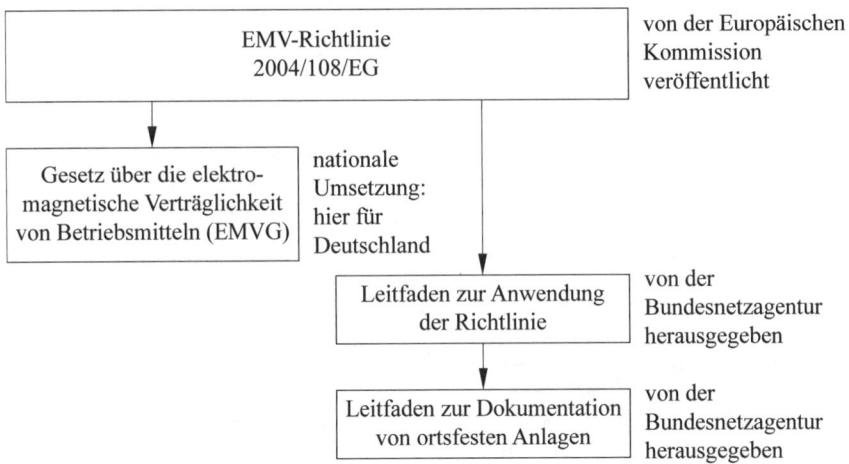

Bild 3.1 Zusammenspiel zwischen Europäischer Kommission und gesetzlicher Umsetzung

Diese EG-Richtlinie enthält auch die Anforderungen an „ortsfeste Anlagen". Zur Konformitätserklärung enthält die EMV-Richtlinie in Abschnitt 19 folgende Aussage:

> *Wegen der besonderen Merkmale ortsfester Anlagen ist für sie keine Konformitätserklärung und keine CE-Kennzeichnung erforderlich.*

Die Veröffentlichung der Neuausgabe der EMV-Richtlinie (2014/30/EU) wurde bisher noch nicht in Deutschland gesetzlich umgesetzt (Termin 2016). Doch die Modifikationen im Text haben für ortsfeste Anlagen keine gravierenden Änderungen zur Folge. Die Gegenüberstellung der Änderungen zwischen der Ausgabe 2004/108/EG und der Ausgabe 2014/30/EU zum Thema „ortsfeste Anlagen" zeigt, dass lediglich Klarstellungen von Aussagen vorgenommen wurden, siehe **Tabelle 3.1**.

2004/108/EG	2014/30/EU
(6) Betriebsmittel, die von dieser Richtlinie erfasst werden, sollten sowohl Geräte als auch ortsfeste Anlagen umfassen. Für beide sollten jedoch unterschiedliche Regelungen getroffen werden. Der Grund dafür ist, dass ein Gerät innerhalb der Gemeinschaft an jeden Ort verbracht werden kann, während eine ortsfeste Anlage eine Gesamtheit von Geräten und gegebenenfalls anderen Einrichtungen ist, die dauerhaft an einem bestimmten Ort installiert ist. Solche Anlagen entsprechen meist in Aufbau und Funktionsweise den spezifischen Bedürfnissen des Betreibers.	(8) Betriebsmittel, die von dieser Richtlinie erfasst werden, sollten sowohl Geräte als auch ortsfeste Anlagen umfassen. Für beide sollten jedoch unterschiedliche Regelungen getroffen werden. Der Grund dafür ist, dass ein Gerät innerhalb der Union an jeden Ort verbracht werden kann, während eine ortsfeste Anlage eine Gesamtheit von Geräten und gegebenenfalls anderen Einrichtungen ist, die dauerhaft an einem bestimmten Ort installiert ist. Solche Anlagen entsprechen meist in Aufbau und Funktionsweise den spezifischen Bedürfnissen des Betreibers.
(18) Ortsfeste Anlagen, unter anderem große Maschinen und Netze, können elektromagnetische Störungen verursachen oder gegen solche Störungen empfindlich sein. Zwischen ortsfesten Anlagen und Geräten können Schnittstellen bestehen, und von ortsfesten Anlagen verursachte elektromagnetische Erscheinungen können Geräte stören und umgekehrt. Unter dem Aspekt der elektromagnetischen Verträglichkeit ist es unerheblich, ob eine elektromagnetische Störung von einem Gerät oder einer ortsfesten Anlage verursacht wird. Deshalb sollte für beide ein kohärentes und umfassendes System grundlegender Anforderungen gelten. Im Falle von ortsfesten Anlagen sollte die Möglichkeit bestehen, die Erfüllung der grundlegenden Anforderungen durch die Anwendung der einschlägigen harmonisierten Normen nachzuweisen.	(26) Ortsfeste Anlagen, unter anderem große Maschinen und Netze, können elektromagnetische Störungen verursachen oder gegen solche Störungen empfindlich sein. Zwischen ortsfesten Anlagen und Geräten können Schnittstellen bestehen, und von ortsfesten Anlagen verursachte elektromagnetische Erscheinungen können Geräte stören und umgekehrt. Unter dem Aspekt der elektromagnetischen Verträglichkeit ist es unerheblich, ob eine elektromagnetische Störung von einem Gerät oder einer ortsfesten Anlage verursacht wird. Deshalb sollte für ortsfeste Anlagen und Geräte ein kohärentes und umfassendes System wesentlicher Anforderungen gelten.
(20) Eine Konformitätsbewertung für Geräte, die nur zum Einbau in eine bestimmte ortsfeste Anlage in Verkehr gebracht werden und ansonsten im Handel nicht erhältlich sind, ist nicht zweckdienlich. Solche Geräte sollten deshalb von den üblichen Konformitätsbewertungsverfahren ausgenommen werden. Sie dürfen jedoch die Konformität der ortsfesten Anlage, in die sie eingebaut werden, nicht beeinträchtigen.	(32) Eine Konformitätsbewertung für Geräte, die nur zum Einbau in eine bestimmte ortsfeste Anlage in Verkehr gebracht und ansonsten nicht auf dem Markt bereitgestellt werden, ist getrennt von der ortsfesten Anlage, in die sie eingebaut werden, nicht zweckdienlich. Solche Geräte sollten deshalb von den üblichen Konformitätsbewertungsverfahren für Geräte ausgenommen werden. Sie sollten jedoch die Konformität der ortsfesten Anlage, in die sie eingebaut werden, nicht beeinträchtigen dürfen.

Tabelle 3.1 Differenzen zwischen den EMV-Richtlinie 2004/108/EG und 2014/30/EU in Bezug auf ortsfeste Anlagen

2004/108/EG	2014/30/EU
(19) Wegen der besonderen Merkmale ortsfester Anlagen ist für sie keine Konformitätserklärung und keine CE-Kennzeichnung erforderlich.	(36) Wegen der besonderen Merkmale ortsfester Anlagen ist für sie keine EU-Konformitätserklärung und keine Anbringung der CE-Kennzeichnung erforderlich.
Kapitel III Ortsfeste Anlagen Artikel 13	**Kapitel 3 Artikel 19**
(1) Geräte, die in Verkehr gebracht worden sind und in ortsfeste Anlagen eingebaut werden können, unterliegen *allen* für Geräte geltenden Vorschriften dieser Richtlinie.	(1) Geräte, die auf dem Markt bereitgestellt worden sind und in ortsfeste Anlagen eingebaut werden können, unterliegen allen für Geräte geltenden Vorschriften dieser Richtlinie.
Die Bestimmungen der Artikel 5, 7, 8 und 9 gelten jedoch nicht zwingend für Geräte, die für den Einbau in eine bestimmte ortsfeste Anlage bestimmt und im Handel nicht erhältlich sind.	Die Anforderungen der Artikel 6 bis 12 sowie der Artikel 14 bis 18 gelten jedoch nicht zwingend für Geräte, die für den Einbau in eine bestimmte ortsfeste Anlage bestimmt sind und anderweitig nicht auf dem Markt bereitgestellt werden.
In solchen Fällen sind in den beigefügten Unterlagen die ortsfeste Anlage und deren Merkmale der elektromagnetischen Verträglichkeit anzugeben, und es ist anzugeben, welche Vorkehrungen beim Einbau des Gerätes in diese Anlage zu treffen sind, damit deren Konformität nicht beeinträchtigt wird. Ferner sind die in Artikel 9 Absätze 1 und 2 genannten Angaben zu machen.	In solchen Fällen sind in den beigefügten Unterlagen die ortsfeste Anlage und deren Merkmale der elektromagnetischen Verträglichkeit anzugeben, und es ist anzugeben, welche Vorkehrungen beim Einbau des Geräts in diese Anlage zu treffen sind, damit deren Konformität nicht beeinträchtigt wird. Zusätzlich sind die in Artikel 7 Absätze 5 und 6 sowie Artikel 9 Absatz 3 genannten Angaben zu machen.
	Die in Ziffer 2 des Anhangs I genannten anerkannten Regeln der Technik sind zu dokumentieren, und der Verantwortliche/die Verantwortlichen hält/halten die Unterlagen für die zuständigen nationalen Behörden für Überprüfungszwecke zur Einsicht bereit, solange die ortsfeste Anlage in Betrieb ist.
(2) Gibt es Anzeichen dafür, dass eine ortsfeste Anlage den Anforderungen dieser Richtlinie nicht entspricht, insbesondere bei Beschwerden über von ihr verursachte Störungen, so können die zuständigen Behörden des betreffenden Mitgliedstaates den Nachweis ihrer Konformität verlangen und gegebenenfalls eine Überprüfung veranlassen.	(2) Gibt es Anzeichen dafür, dass eine ortsfeste Anlage den Anforderungen dieser Richtlinie nicht entspricht, insbesondere bei Beschwerden über durch die Anlage verursachte Störungen, so können die zuständigen Behörden des betreffenden Mitgliedstaats den Nachweis ihrer Konformität verlangen und gegebenenfalls eine Beurteilung veranlassen.
Wird festgestellt, dass die ortsfeste Anlage den Anforderungen nicht entspricht, so können die zuständigen Behörden geeignete Maßnahmen zur Herstellung der Konformität mit den Schutzanforderungen des Anhangs I Nummer 1 anordnen.	Wird festgestellt, dass die ortsfeste Anlage den Anforderungen nicht entspricht, so ordnen die zuständigen Behörden geeignete Maßnahmen zur Herstellung der Konformität mit den wesentlichen Anforderungen nach Anhang I an.

Tabelle 3.1 (*Fortsetzung*) Differenzen zwischen den EMV-Richtlinie 2004/108/EG und 2014/30/EU in Bezug auf ortsfeste Anlagen

2004/108/EG	2014/30/EU
(3) Die Mitgliedstaaten erlassen die erforderlichen Vorschriften für die Benennung der Person oder der Personen, die für die Feststellung der Konformität einer ortsfesten Anlage mit den einschlägigen grundlegenden Anforderungen zuständig sind.	(3) Die Mitgliedstaaten erlassen die erforderlichen Vorschriften für die Notifizierung der Person oder der Personen, die für die Feststellung der Konformität einer ortsfesten Anlage mit den einschlägigen wesentlichen Anforderungen zuständig sind.
Anhang I **2. Besondere Anforderungen an ortsfeste Anlagen**	**Anhang I** **2. Besondere Anforderungen an ortsfeste Anlagen**
Ortsfeste Anlagen sind nach den anerkannten Regeln der Technik zu installieren, und im Hinblick auf die Erfüllung der Schutzanforderungen des Abschnitts 1 sind die Angaben zur vorgesehenen Verwendung der Komponenten zu berücksichtigen. ~~Diese anerkannten Regeln der Technik sind zu dokumentieren, und der Verantwortliche/ die Verantwortlichen halten die Unterlagen für die zuständigen einzelstaatlichen Behörden zu Kontrollzwecken zur Einsicht bereit, solange die ortsfeste Anlage in Betrieb ist.~~	Ortsfeste Anlagen sind nach den anerkannten Regeln der Technik zu installieren, und im Hinblick auf die Erfüllung der wesentlichen Anforderungen des Abschnitts 1 sind die Angaben zur vorgesehenen Verwendung der Komponenten zu berücksichtigen.

Tabelle 3.1 (*Fortsetzung*) Differenzen zwischen den EMV-Richtlinie 2004/108/EG und 2014/30/EU in Bezug auf ortsfeste Anlagen

Natürlich kann eine Konformitätserklärung und CE-Kennzeichnung entsprechend einer anderen EG-Richtlinie erforderlich sein, z. B. nach der Niederspannungsrichtlinie (Richtlinie 2006/95/EG) [5, 6] oder der Maschinenrichtlinie (Richtlinie 2006/42/EG) [7, 8].

Im EMV-Gesetz wurde auch festgelegt, dass der Betreiber für die Einhaltung der EMV verantwortlich ist. Im § 12 (1) EMVG steht dazu Folgendes:

> *Ortsfeste Anlagen müssen so betrieben und gewartet werden, dass sie mit den grundlegenden Anforderungen nach § 4 Abs. 1 und 2 Satz 1 übereinstimmen. Dafür ist der Betreiber verantwortlich. Er hat die Dokumentation nach § 4 Abs. 2 Satz 2 für Kontrollen der Bundesnetzagentur zur Einsicht bereitzuhalten, solange die ortsfeste Anlage in Betrieb ist. Die Dokumentation muss dem aktuellen technischen Zustand der Anlage entsprechen.*

Damit der Betreiber seine gesetzlichen Vorgaben erfüllen kann, benötigt er natürlich die Unterstützung durch den Elektrotechniker, s. a. Kapitel 9 dieses Buchs zum Thema EMV-Dokumentation.

Normen zur Einhaltung des EMVG

Da EG-Richtlinien und auch Gesetze in der Regel nur Ziele und keine technischen Lösungen nennen, ist es zu empfehlen, entsprechende Normen zu berücksichtigen bzw. anzuwenden. DIN VDE 0100-444:2010-10 ist für die Planung und Errichtung von Niederspannungsanlagen genau die richtige Norm. Für die EMV-gerechte Auswahl und Errichtung der elektrischen Betriebsmittel enthält DIN VDE 0100-510 [9] die grundsätzlichen Anforderungen.

Im Abschnitt „Anwendungsbereich" der DIN VDE 0100-444 findet sich dazu folgender Text:

> *Die Anwendung der von dieser Norm beschriebenen EMV-Maßnahmen kann als ein Teil der anerkannten Regeln der Technik gesehen werden, um elektromagnetische Verträglichkeit der ortsfesten Anlagen zu erreichen, wie durch die EMV-Richtlinie 2004/108/EG gefordert.*

Damit stehen dem Planer und Errichter einer elektrischen Anlage anerkannte technische Methoden zur Errichtung einer elektromagnetisch verträglichen Anlage zur Verfügung.

Für die Auswahl der richtigen Betriebsmittel sind in der DIN VDE 0100-510 [9] im Abschnitt 512.1.5 pauschal folgende Aussagen gemacht:

> *Alle Betriebsmittel sind so auszuwählen, dass sie einschließlich Schaltvorgängen weder schädliche Einflüsse auf andere Betriebsmittel verursachen noch die Versorgung während des normalen Betriebs unzulässig beeinflussen, es sei denn, es werden andere geeignete Vorkehrungen während der Errichtung getroffen.*

Die Auswahl der elektrischen Betriebsmittel muss danach entsprechend den Grenzwerten am Verwendungsort (Wohn- oder Industriebereich) erfolgen. Dabei ist sowohl die Störausstrahlung der ausgewählten elektrischen Betriebsmittel als auch die Störfestigkeit zu betrachten.

Die überarbeitete DIN VDE 0100-510 enthält jetzt auch Anforderungen zum Thema Dokumentation. Die Forderungen aus dem EMV-Gesetz wurden in dieser Norm noch einmal aufgenommen und lauten wie folgt:

> Der Betreiber einer ortsfesten Anlage hat für Kontrollen der Bundesnetzagentur die notwendige Dokumentation zum Nachweis der Einhaltung der Anforderungen nach dem Gesetz über die elektromagnetische Verträglichkeit von Betriebsmitteln (EMVG):2008-02-26 § 12 bereitzustellen.

4 Erste Entscheidungen zur EMV

Bevor einzelne Maßnahmen zur Erlangung der elektromagnetischen Verträglichkeit innerhalb einer elektrischen Anlage betrachtet werden, sind einige grundsätzliche physikalische Eigenschaften zu betrachten.

Ob Wohn- oder Industriebereich ist bei der Auswahl von elektrischen Betriebsmitteln entscheidend

Bei der Auswahl von elektrischen Betriebsmitteln muss der Einsatzort (Bereich), also die Umwelt, in der die elektrische Anlage betrieben wird, ermittelt werden. Im Wohnbereich brauchen elektrische Betriebsmittel nur eine geringe Störfestigkeit aufweisen, dürfen aber auch nur eine geringe Störausstrahlung haben. Im Industriegebiet sind höhere Störausstrahlungen zugelassen, siehe **Bild 4.1**. Die elektrischen Betriebsmittel müssen dann aber auch eine höhere Störfestigkeit als im Wohnbereich haben.

Wenn elektrische Betriebsmittel verwendet werden, die eine Störausstrahlung für den Wohnbereich und eine Störfestigkeit entsprechend den Anforderungen für den Industriebereich haben, ist eine Auswahl bezüglich eines bestimmten Bereichs nicht mehr notwendig (**Bild 4.2**), da sie in beiden Bereichen eingesetzt werden dürfen.

4.1 Definition: Wohnbereich

Das Hauptmerkmal, dass eine elektrische Anlage im Wohnbereich errichtet und betrieben wird, ist abhängig von der Art der Stromversorgung. Die Versorgung der elektrischen Anlage muss demnach aus einem Niederspannungsnetz eines öffentlichen Stromversorgers erfolgen. Für diesen Bereich gelten die Grenzwerte für die Störfestigkeit der DIN EN 61000-6-1 (**VDE 0839-6-1**) [10] und die Störausstrahlung der DIN EN 61000-6-3 (**VDE 0839-6-3**) [11], siehe **Bild 4.3**. Typische elektrische Anlagen sind: Wohnungen, Kleinbetriebe sowie Geschäfts- und Gewerbebetriebe.

4.2 Definition: Industriebereich

Der Industriebereich wird dadurch definiert, dass die elektrische Anlage von einem eigenen Hochspannungstransformator versorgt wird. Für diesen Bereich gelten die Grenzwerte für die Störfestigkeit der DIN EN 61000-6-2 (**VDE 0839-6-2**) [12] und die Störausstrahlung der DIN EN 61000-6-4 (**VDE 0839-6-4**) [13]. Damit sind also „Großbetriebe", z. B. Stahlwerke oder Containerterminals, gemeint, siehe **Bild 4.4**.

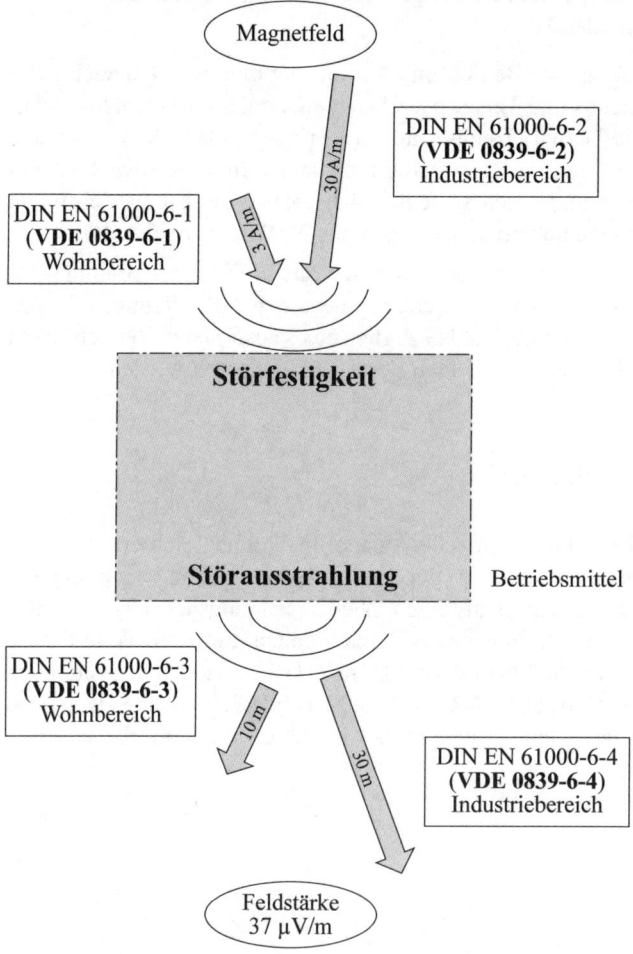

Bild 4.1 Beispiel von Grenzwerten

Industriebereich
(eigenes Strom-
versorgungsnetz)
Wohnbereich
(öffentliches Strom-
versorgungsnetz)
Industrie
oder
Wohnbereich
Störausstrahlung
Störfestigkeit

Bild 4.2 Störfestigkeit und Störausstrahlung

HS
NS
*)
Geschäftsbereich
Kleinbetrieb
Wohnungen
*) öffentliches Niederspannungsstromversorgungsnetz

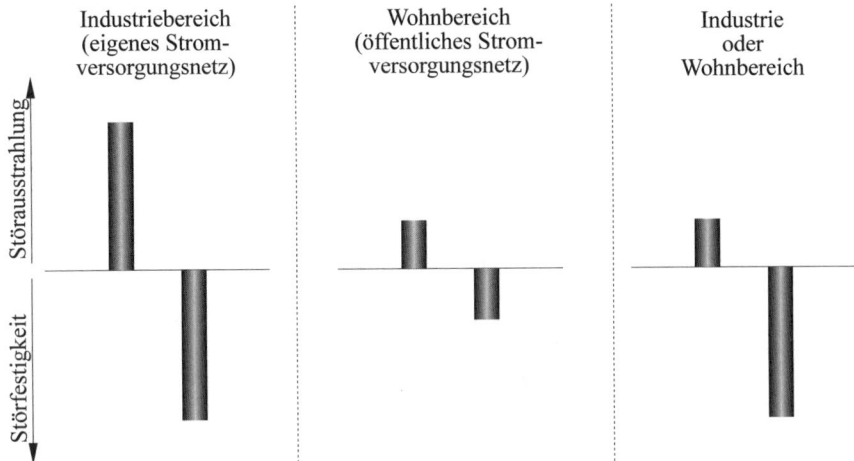

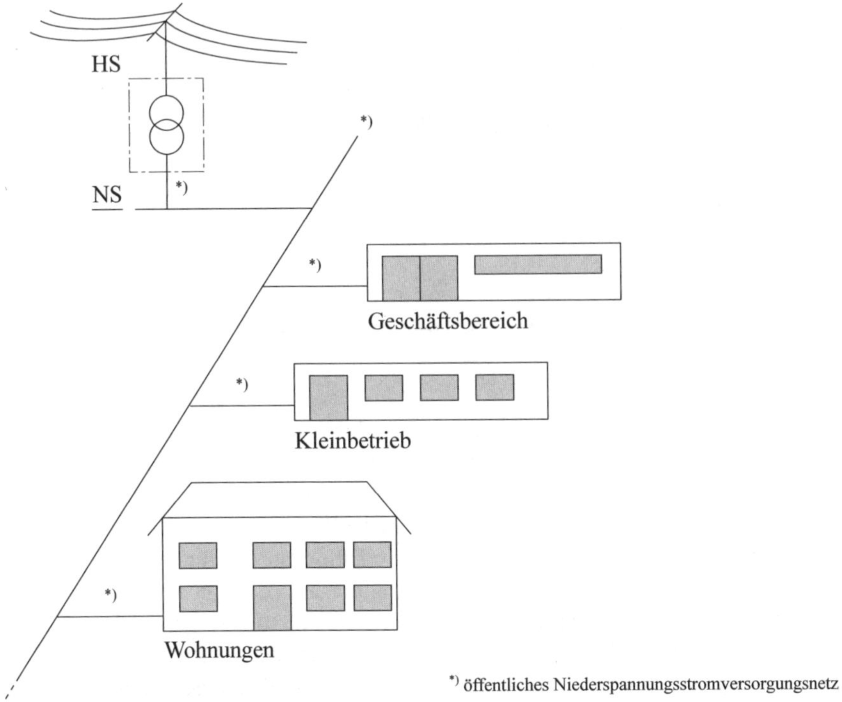

Bild 4.3 Wohnbereich

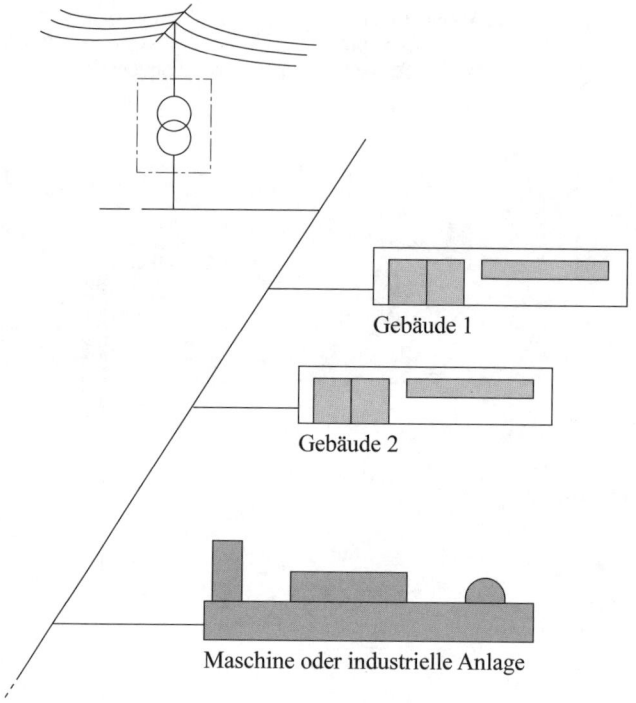

Bild 4.4 Industriebereich

4.3 Installationsanweisungen der Hersteller von elektrischen Betriebsmitteln

Bei jedem elektrischen Betriebsmittel müssen Installations- und Anschlussregeln beachtet werden, die der Hersteller bei der EMV-Prüfung in seinem EMV-Labor ermittelt hat. Diese Regeln müssen den Betriebsanleitungen der Hersteller der elektrischen Betriebsmittel entnommen werden und in der Planungsphase einer elektrischen Anlage einfließen. Eine tabellarische Dokumentation, in der für jedes elektrische Betriebsmittel die erforderlichen EMV-Installationsanforderungen aufgelistet sind, erleichtert die Planung und hilft bei der Überprüfung, ob die elektrische Installation sachgerecht ausgeführt wurde. Diese Dokumentation ist auch später für den Betreiber hilfreich, wenn später weitere elektrische Anlagen in dem Gebäude errichtet werden, die ggf. andere Installationsmethoden erfordern könnten, siehe § 12 (1) EMVG.

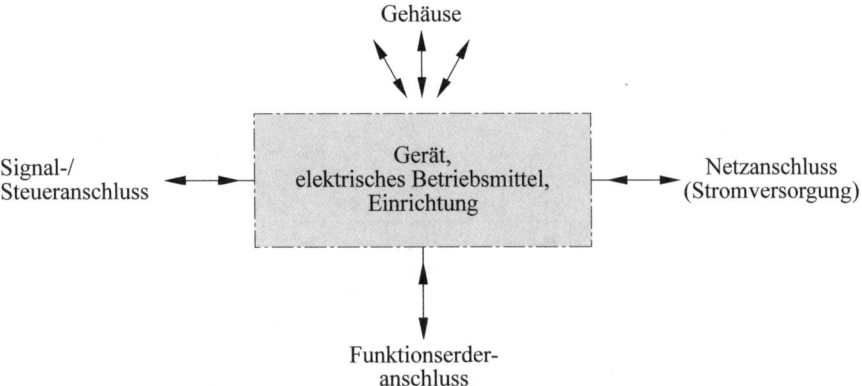

Bild 4.5 EMV-Schnittstellen (Tore) eines Geräts

Elektrische Betriebsmittel sind gekoppelt mit der Umwelt über das Gehäuse (Körper), der Stromversorgung, der Verbindung zur Erde und ggf. über Signal- und Datenleitungen. Über diese Wege, die auch als Tore (engl. ports) bezeichnet werden, erfolgt sowohl die Störausstrahlung als auch die Störbeeinflussung eines Geräts, siehe **Bild 4.5**.

Die Anforderungen in der Betriebsanleitung eines Herstellers für die Integration eines elektrischen Betriebsmittels können ein Verwendungsverbot für Wohngebiete enthalten oder zusätzliche Einrichtungen erfordern. So sind z. B. Umrichter manchmal in Wohngebieten nicht zugelassen, oder wenn sie dort errichtet werden, müssen zusätzlich (Sinus-)Filter vorgesehen werden. Ist ein Gerät für z. B. ein bestimmtes Gebiet zugelassen, gibt der Hersteller häufig Anforderungen für eine getrennte Verlegung von Signal- und Steuerleitungen von Leistungskabeln, -leitungen oder die Verwendung von geschirmten Leitungen und deren Anschlussmethode (Skin-Effekt) an.

4.4 EMV-Checkliste

Mithilfe der EMV-Checkliste in **Tabelle 4.1** können die von den Betriebsmittelherstellern genannten Anforderungen an die Integration ihrer Produkte in eine elektrische Anlage ermittelt werden. Eine EMV-Checkliste stellt auch sicher, dass Produkte/Betriebsmittel nur für den vorgesehenen Bereich, für den sie geeignet sind, verwendet werden. Gibt es vom Hersteller keine Angaben zu einer EMV-gerechten Integration, so sollten auf jeden Fall die Anforderungen der DIN VDE 0100-444 berücksichtigt werden.

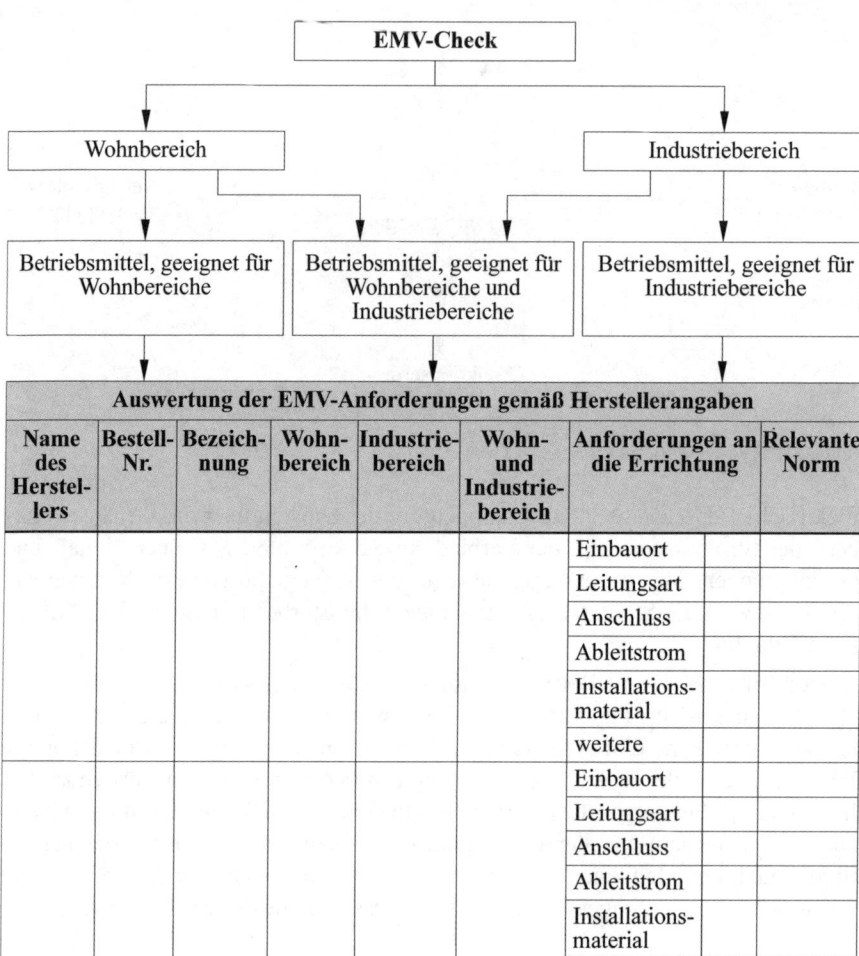

Tabelle 4.1 Beispiel einer EMV-Checkliste

4.5 Massung – Schutzpotentialausgleich

Bei der Definition der Begriffe für „Massung" und „Schutzpotentialausgleich" für die Verbindung von leitenden Teilen untereinander unterscheiden sich die Anforderungen für die Kommunikation/Messtechnik von den Anforderungen für den Schutz gegen elektrischen Schlag. Die Anforderungen bei der Kommunikation/Messtechnik benötigen ein Referenzpotential für alle beteiligten Geräte und Systeme. Diese Verbindungen müssen für hohe Frequenzen geeignet sein, brauchen aber keine großen Ströme übertragen. Diese Verbindungen werden deshalb als Massung bezeichnet. Verbindungen für den Schutzpotentialausgleich stellen sicher, dass z. B. eine Person keine Betriebsmittel mit unterschiedlichen Spannungspotentialen gleichzeitig berühren kann. Verbindungen als Schutzpotentialausgleich können zum Schutz gegen den elektrischen Schlag notwendig sein. Solche Verbindungen müssen eine Stromtragfähigkeit aufweisen, und bei den Anschlüssen braucht der Skin-Effekt nicht berücksichtigt werden. Soll eine Verbindung beide Aufgaben gleichzeitig übernehmen, also sowohl die Massung als auch den Schutzpotentialausgleich, dann muss diese Verbindung eine Stromtragfähigkeit aufweisen, und die Verbindung muss niederimpedant aufgebaut werden.

5 Grundlagen

Interne mögliche Störquellen, die in Gebäuden errichtet und mit empfindlichen Betriebsmitteln gleichzeitig betrieben werden, bedürfen bei der Planung einer Bewertung. Gegebenenfalls müssen andere Aufstellungsorte gefunden werden. Dies sind im Besonderen:

- Schaltgeräte für induktive Lasten,
- Elektromotoren,
- Leuchtstoffleuchten,
- Schweißmaschinen,
- Schaltnetzteile,
- Frequenzumrichter,
- Kompensationsanlagen,
- Aufzüge,
- Transformatoren,
- Schaltanlagen,
- Leistungsverteiler mit Stromschienen.

Damit solche Störquellen zusammen mit empfindlichen Betriebsmitteln betrieben werden können, gibt es neben der räumlichen Trennung folgende Maßnahmen entsprechend DIN VDE 0100-444, die bei der EMV-Planung hilfreich sind:

- Überspannungsschutzeinrichtungen,
- Filter für elektrische Betriebsmittel,
- Einbindung von Schirmen (leitfähigen Mänteln) in den (Schutz-)Potentialausgleich,
- Vermeidung von Induktionsschleifen,
- getrennte Verlegung von Leistungs- und Signalkabeln (bzw. -leitungen),
- Verwendung von Kabeln mit konzentrischer Anordnung der Leiter,
- Verwendung von symmetrischen Mehraderkabeln/-leitungen,
- Mindestabstand zu Blitzableitern,
- paralleler Leiter zur Entlastung von Schirmströmen,
- Potentialausgleichsverbindungen mit niedriger Impedanz (Skin-Effekt),

- Errichtung als TN-S-System (System nach Art der Erdverbindungen),
- bei Mehrfacheinspeisung nur einmalige Erdung der Sternpunkteverbindung,
- vierpolige Umschaltung bei alternativen Stromversorgungen (N-Leiter mitschalten),
- Anschluss aller Schutz- und Funktionserdungsleiter an eine Haupterdungsschiene,
- Konzepte der getrennten Verlegung von Stromkreisen.

5.1 Kopplungen

Störgrößen breiten sich als Spannungen und Ströme aus und somit als elektrische und magnetische Felder. Sie breiten sich leitungsgeführt und/oder über leitfähige Konstruktionsteile aus. Die Ausbreitung und Kopplung der Störungen ist möglich über:

- galvanische Kopplung,
- induktive Kopplung,
- kapazitive Kopplung,
- Einstrahlung oder Abstrahlung.

Voraussetzung für eine galvanische, induktive oder kapazitive Kopplung sind immer zwei Stromkreise, siehe Bild 5.1, Bild 5.2 und Bild 5.3, mit

Z_1 Impedanz des Stromkreises 1,
Z_2 Impedanz des Stromkreises 2.

Störquelle, Störsenke und der Übertragungsweg

Die Werte der Störaussendungen eines Geräts oder Systems (Störquelle) müssen, unter Berücksichtigung des Übertragungswegs, immer unterhalb der Werte der festgelegten Störfestigkeit (Störsenke) liegen.

Eine wichtige Voraussetzung für das Verständnis zur elektromagnetischen Verträglichkeit (EMV) ist, dass jedes Gerät (System) sowohl Störquelle als auch Störsenke sein kann. Nur die Erkenntnis, dass es vier mögliche Kopplungen – galvanische, induktive, kapazitive Kopplung und Strahlungskopplung – zwischen der Störquelle und der Störsenke gibt, kann zu guten Lösungen führen.

5.1.1 Galvanische Kopplung

Die galvanische Kopplung (**Bild 5.1**) ist eine Kopplung über elektrisch leitfähige Teile. Die leitergebundene Kopplung Z_k ist die Koppelimpedanz. Dabei kann z. B. Z_k die Impedanz des PEN-Leiters sein, wobei Z_1 die Impedanz der angeschlossenen Elektronik darstellt, die am Potentialausgleich angeschlossen ist.

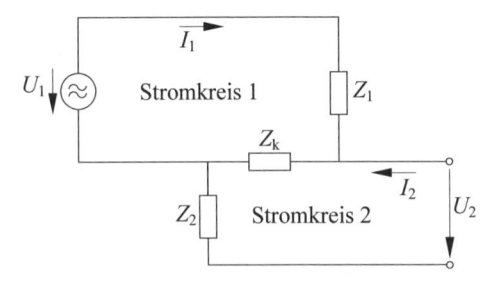

Bild 5.1 Beispiel einer galvanischen Kopplung

5.1.2 Induktive Kopplung

Die induktive Kopplung (**Bild 5.2**) ist eine Kopplung über das magnetische Feld der Umgebung und tritt in elektrischen Anlagen meistens bei Einleiterkabel oder bei vagabundierenden Strömen in leitfähigen Konstruktionsteilen einer Anlage auf. Auch nicht verseilte oder schwach verseilte Leiter eines Drehstromsystems können eine magnetische Kopplung mit anderen Stromkreisen erzeugen. Auch ein Blitz kann sich mit einer elektrischen Anlage induktiv koppeln.

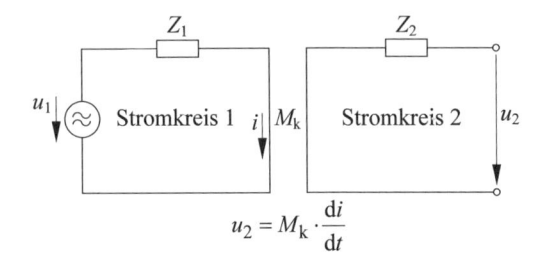

$$u_2 = M_k \cdot \frac{di}{dt}$$

Bild 5.2 Beispiel einer induktiven Kopplung

Die in einem Stromkreis induzierte Störwechselspannung ist abhängig von der Höhe des Stroms, der durch den störenden Leiter fließt, in Abhängigkeit seiner Frequenz.

Die übertragene Energie ist abhängig vom Grad der induktiven Kopplung (z. B. der Abstand zwischen störendem Leiter und gestörtem Stromkreis), siehe **Bild 5.3**.

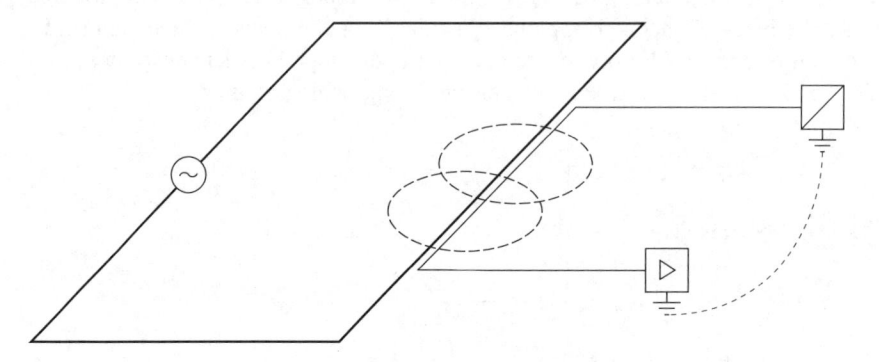

Bild 5.3 Induktive Kopplung zwischen zwei unabhängigen Stromkreisen

Die Leiterschleife des Stromkreises 1 induziert in die Leiterschleife des Stromkreises 2 eine Spannung. Diese Spannung u_2 ist abhängig von der Gegeninduktivität M_k und der Stromänderungsgeschwindigkeit di/dt.

Je größer die Stromänderung pro Zeiteinheit (Frequenz) ist, desto größer ist die induzierte Spannung u_2. Deshalb müssen elektromagnetische Felder mit großen Stromänderungsgeschwindigkeiten, z. B. durch Blitze, bei Umrichterantrieben oder bei Ein- und Ausschaltvorgängen großer Leistungen, beachtet werden.

Die induktive Kopplung muss neben der galvanischen Kopplung in Gebäuden mit Informationstechnik besonders beachtet werden.

5.1.3 Kapazitive Kopplung

Die kapazitive Kopplung (**Bild 5.4**) ist eine Kopplung über das elektrische Feld. Dieses wirkt über den dielektrischen Strom auf die Leitung des Stromkreises 2.

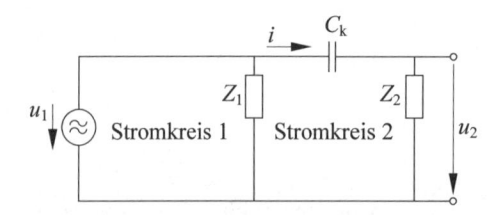

Bild 5.4 Beispiel einer kapazitiven Kopplung

Die Koppelkapazität C_k entsteht z. B. zwischen parallel verlegten Leitungen und ist abhängig von der Dielektrizitätskonstante. Bei Einleiterkabeln ist sie größer als bei üblichen mehradrigen Kabeln und Leitungen. Einleiterkabel in Gebäuden sollten deshalb möglichst vermieden werden.

Zwischen ungeschirmten Leiterschleifen sind die induktive und kapazitive Kopplung gleichzeitig vorhanden. Bei Schirmung gegen kapazitive Einflüsse genügt die einseitige Erdung (Verbindung mit dem Potentialausgleich), bei Schirmung gegen induktive Einflüsse muss beidseitig geerdet werden. Die beidseitige Erdung genügt auch den Anforderungen gegen kapazitive Kopplung, wobei bei der Art der elektrischen Verbindungen mit Erdpotential aufgrund hoher Frequenzen auf den Skin-Effekt geachtet werden muss, siehe Kapitel 5.3 dieses Buchs.

5.1.4 Einstrahlung, Abstrahlung, Strahlungskopplung

Geräte und Anlagen sind gegen hochfrequente Einstrahlungen und Abstrahlungen zu schützen. Es müssen Maßnahmen getroffen werden, die in den Geräten eine notwendige Störfestigkeit gegen Einstrahlungen bewirken und Störaussendungen begrenzen. Angaben der Hersteller von elektrischen Betriebsmitteln zur Integration in eine Installation, z. B. Abstand zu anderen elektrischen Betriebsmitteln mit hohen Bemessungsströmen, müssen deshalb berücksichtigt werden.

5.2 Magnetisches Wechselfeld bei Kabeln und Leitungen

5.2.1 Einleiterkabel

Die Verwendung von Einleiterkabeln, durch die ein Wechselstrom fließt, ist aus EMV-Sicht eine Katastrophe. Einleiterkabel, die um sich herum ein magnetisches Wechselfeld erzeugen, dessen magnetische Flussdichte abhängig von der Größe des Stroms ist und auch alle Frequenzen der Übertragung enthält, gelten als wesentliche Störer.

5.2.2 Mehraderleitungen

Mehrfachleiterkabel sind zwar verdrillt, dies aber in der Regel nur aus Herstellungs- und Verlegungsgründen und aus Gründen der Beweglichkeit bei flexiblen Leitungen. Damit sich die Ströme innerhalb eines Mehraderkabels/einer Mehraderleitung annähernd aufheben, müsste eine Verdrillung zu EMV-Zwecken mit einem viel kürzeren „Schlag" vorgesehen werden, siehe Bild 6.13.

Ist der Summenstrom in einem Kabel nicht null, weil z. B. vagabundierende Ströme (Streuströme) über leitfähige Teile fließen, hilft auch eine Verdrillung nicht viel. Wird eine Elektroinstallation als TN-C-System betrieben, bei dem der PEN-Leiter mehrfach mit Erde und leitfähigen Teilen eines Gebäudes verbunden ist, dann ist die Summe der Ströme in der Zuleitung zum Unterverteiler mit einem Mehraderkabel/ einer Mehraderleitung nicht mehr null, sondern das Kabel/die Leitung ist von einem Magnetfeld umschlossen wie bei einem Einleiterkabel.

5.2.3 Leitfähige Teile

Leitfähige Teile in einem Gebäude sind grundsätzlich alle verbauten Metallteile, z. B. Rohre für die Wasserversorgung, Abwasserrohre oder bei Heizungsanlagen. Gebäude, die als Stahlhochbau errichtet werden, enthalten im großen Umfang leitfähige Teile. Über alle diese leitfähigen Teile können vagabundierende Ströme unkontrolliert fließen.

Wenn durch solche leitfähigen Teile des Gebäudes vagabundierende Ströme (Streuströme) fließen, so entstehen auch um diese leitfähigen Teile magnetische Wechselfelder wie bei Einleiterkabeln.

5.3 Skin-Effekt

Der Skin-Effekt, auch Hauteffekt genannt, bewirkt, dass je höher die Frequenz eines Stroms ist, der durch einen Leiter fließt, desto geringer der genutzte Querschnittsanteil des Leiters (Eindringtiefe) oder des leitfähigen Teils ist, siehe **Bild 5.5** und **Tabelle 5.1**.

Bei der Ableitung von hochfrequenten Strömen muss bei den elektrischen Verbindungen dieser Effekt unbedingt berücksichtigt werden, z. B. durch großflächigen Anschluss eines Schirms mit dem Gehäuse (Körper).

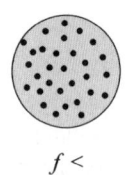

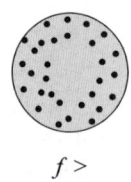

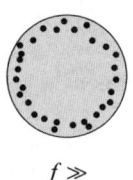

$f <$ $\qquad$ $f >$ $\qquad$ $f \gg$

Bild 5.5 Skin-Effekt in einem Leiter

Frequenz	Eindringtiefe bei Cu
50 Hz	≈ 9 mm
1 kHz	≈ 2 mm
100 kHz	≈ 200 µm
1 MHz	≈ 66 µm

Tabelle 5.1 Eindringtiefe des Stroms in einem Leiter in Abhängigkeit der Frequenz [14]

Dies bedeutet, dass auch bei Leitern zur Übertragung von Leistung bereits bei einer Frequenz von 50 Hz eine Vergrößerung des Leiterdurchmessers von > 18 mm zu keiner Verringerung der Stromdichte führt und damit auch keine Reduzierung der Verlustwärme erreicht wird. Dieser Effekt tritt natürlich auch bei Kupferschienen auf.

Bei Anschlüssen von Schirmen und Potentialausgleichsverbindungen sowie bei der Massung von leitenden Teilen bei der HF-Technik muss dieser Effekt beachtet werden, s. a. Kapitel 8.3 dieses Buchs.

6 Vagabundierende Ströme (Streuströme)

6.1 Entstehung

Ein Grundsatz für eine EMV-gerechte Installation ist die Zusammenfassung von Hin- und Rückleiter in einem Kabel/einer Leitung einer Stromversorgung. Wenn die Leiter dann noch eng miteinander verdrillt sind, gibt es um dieses Kabel/dieser Leitung fast kein magnetisches Wechselfeld. Doch die Gewähr, dass auch der Rückleiter den gleichen Strom führt wie der Hinleiter, ist in der Praxis eher selten. Deshalb müssen alle möglichen vagabundierenden Ströme behandelt und ggf. Gegenmaßnahmen getroffen werden. Die nachfolgenden Unterkapitel zeigen die häufigsten Gegenmaßnahmen hierzu auf.

6.2 TN-C-System

TN-C-Systeme sind für eine EMV-gerechte Elektroinstallation grundsätzlich ungeeignet, siehe **Bild 6.1**.

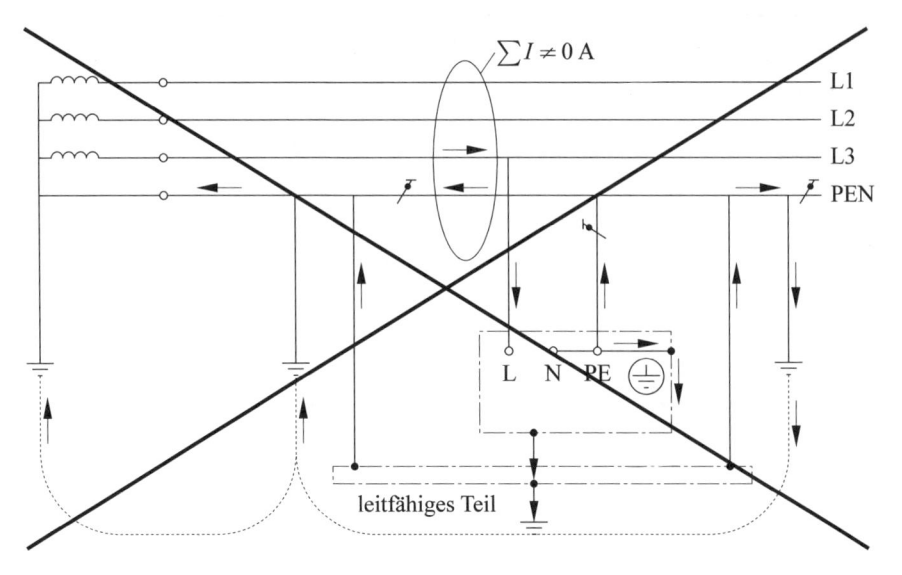

Bild 6.1 Ungeeignetes TN-C-System mit vagabundierenden N-Leiterströmen

Da der PEN-Leiter mehrfach mit Erde verbunden werden darf, siehe DIN VDE 0100-100 [15], entstehen grundsätzlich vagabundierende Teilströme (Streuströme) in metallenen Konstruktionsteilen und Schutzpotentialausgleichsverbindungen, die für elektromagnetische Wechselfelder sorgen. Auch bei Mehraderleitungen der Installation fehlen dann Teile des Summenstroms, der in der Regel null sein sollte. Dadurch werden selbst die Leitungen für die Stromversorgung von Betriebsmitteln zu EMV-Störern.

6.3 TN-S-System

Im TN-S-System (S steht für separate Leiter für N- und PE-Leiter) ist der Neutralleiter bis zur Stromquelle isoliert verlegt. Auf diese Weise fließen die N-Leiterströme durch den N-Leiter und nicht durch leitfähige Teile oder Erde, siehe **Bild 6.2**.

Durch dieses System sind die Summenströme von Kabeln/Leitungen nahezu null und das magnetische Feld um die Kabel/Leitungen ist sehr gering. Ein Abstand zu Signalleitungen ist bei der Verlegung jedoch immer noch notwendig.

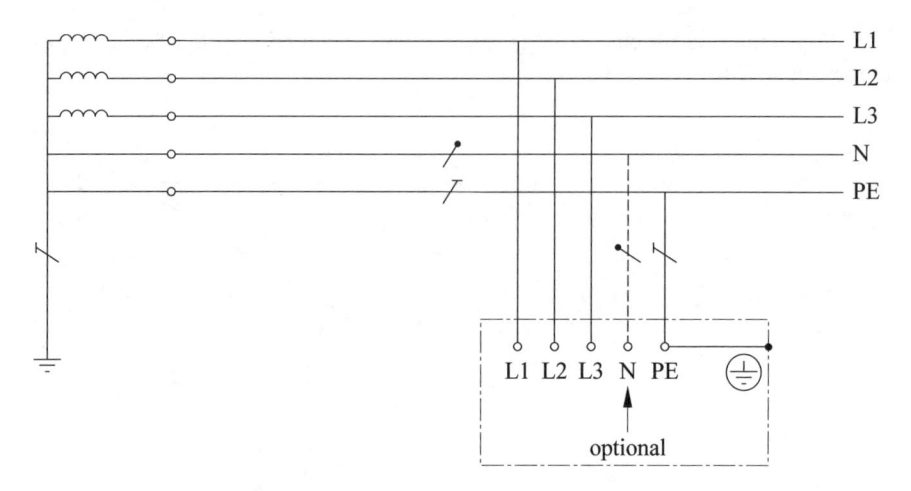

Bild 6.2 TN-S-System

6.4 Frühe Auftrennung des PEN-Leiters in N- und PE-Leiter

Die Versorgung eines Gebäudes vom Netz des öffentlichen Netzbetreibers mit elektrischer Energie erfolgt in der Regel als TN-C-System. Die Aufteilung des PEN-Leiters in einen N- und PE-Leiter sollte am Anfang der Gebäudeinstallation erfolgen. Diese Trennung kann bereits im Hausanschlusskasten vorgenommen werden, siehe **Bild 6.3**. Die Verbindung des PEN-Leiters mit dem Fundamenterder des Gebäudes erfolgt dann über den Hausanschlusskasten an die Haupterdungsschiene, und der PEN-Leiter wird bereits im Hausanschlusskasten in einen N- und PE-Leiter aufgeteilt. Ab diesem Punkt wird dann grundsätzlich durchgehend fünfadrig weiterverlegt. Danach dürfen keine Verbindungen mehr zwischen dem N- und PE-Leiter hergestellt werden, auch nicht im Zählerschrank.

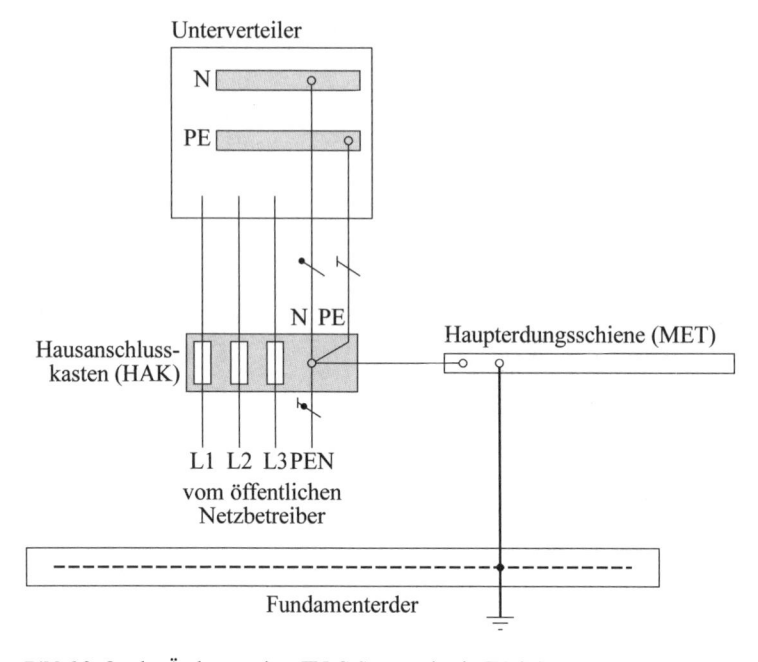

Bild 6.3 Ort der Änderung eines TN-C-Systems in ein TN-S-System

6.5 Keine PEN-Leiter-Verlegung im Mehrfamilienhaus

In einem Mehrfamilienhaus gilt die getrennte Verlegung von N- und PE-Leiter zur Versorgung der einzelnen Wohnungen im Besonderen, da in einem mehrstöckigen Haus sonst ein verlegter PEN-Leiter einen größeren (Störungs-)Wirkungsbereich hätte. Wenn dann noch leitfähige Teile in den einzelnen Wohnungen mit dem PEN-Leiter verbunden werden, sind die vagabundierenden Ströme erheblich und damit auch die störenden Wechselfelder in allen Etagen, siehe **Bild 6.4**.

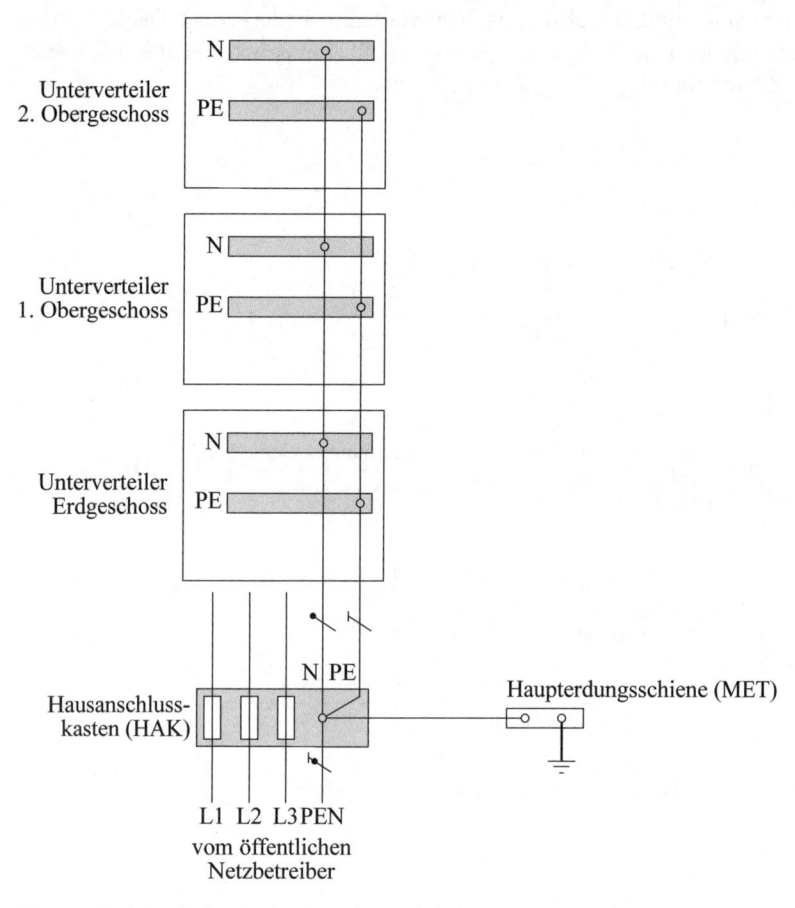

Bild 6.4 Getrennte Verlegung des N- und PE-Leiters in einem mehrstöckigen Gebäude

6.6 TN-System mit Mehrfacheinspeisung

Obwohl ein TN-S-System elektromagnetisch verträglich ist, müssen bei Mehrfacheinspeisungen doch wieder bestimmte Aspekte beachtet werden.

Beim Zusammenschalten von zwei oder mehr Stromquellen zu einer Mehrfacheinspeisung einer elektrischen Anlage müssen aus EMV-Gründen besondere Regeln beachtet werden. Wenn elektrische Verbindungen an der falschen Stelle vorgenommen werden, entstehen vagabundierende Ströme, und es tritt ein magnetisches Wechselfeld nach dem Prinzip des Einleiterkabels mit seinen negativen Folgen auf.

Um dies zu vermeiden, muss der Leiter, der die Sternpunkte der Stromquellen miteinander verbindet (auch Sternpunktverbindungsleiter genannt), isoliert verlegt werden und darf nur an einer Stelle mit dem Fundamenterder verbunden werden, siehe **Bild 6.5**. An dieser zentralen Erdungsstelle wird dann auch der N-Leiter vom PE-Leiter getrennt.

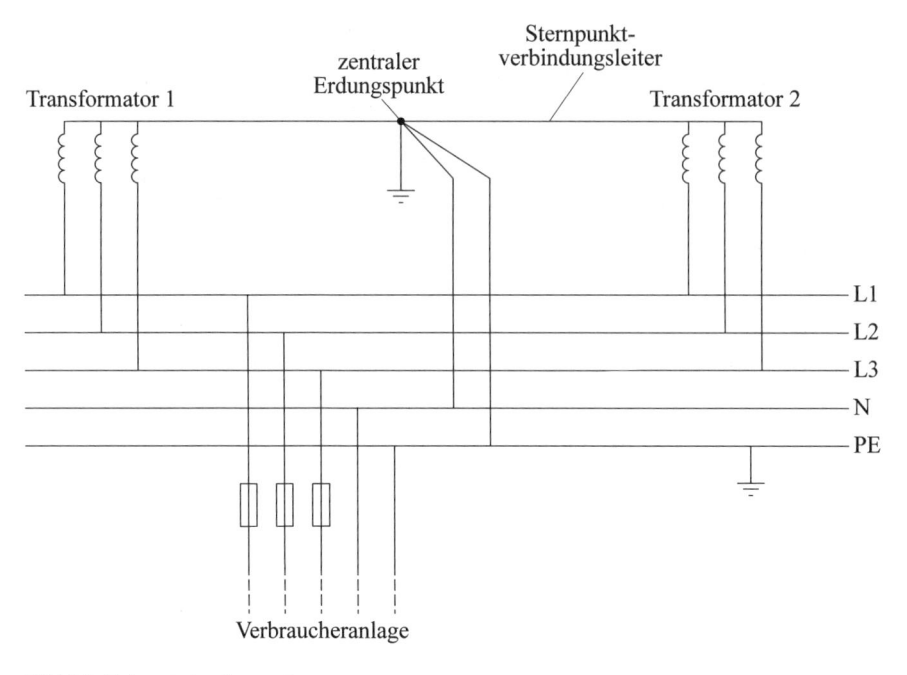

Bild 6.5 Erdung bei mehreren Stromversorgungen

An welcher Stelle die einmalige Verbindung des Sternpunktverbindungsleiters mit dem Fundamenterder erfolgt, ist unerheblich. Wichtig ist, dass diese Verbindung einmalig und für Servicezwecke zugänglich ist und Messungen durchgeführt werden können, siehe DIN VDE 0100-100 und DIN VDE 0100-444.

6.7 TN-S-System mit umschaltbaren Stromversorgungen

Bei Umschaltungen von einer Stromquelle auf eine andere Stromquelle gelten die gleichen Gründe, wie bei Mehrfacheinspeisungen. Es müssen vagabundierende N-Leiterströme verhindert werden.

Die Verwendung von vierpoligen Schaltgeräten, mit denen auch der N-Leiter geschaltet wird, verhindert N-Leiterströme über die abgeschaltete Stromquelle, siehe **Bild 6.6**.

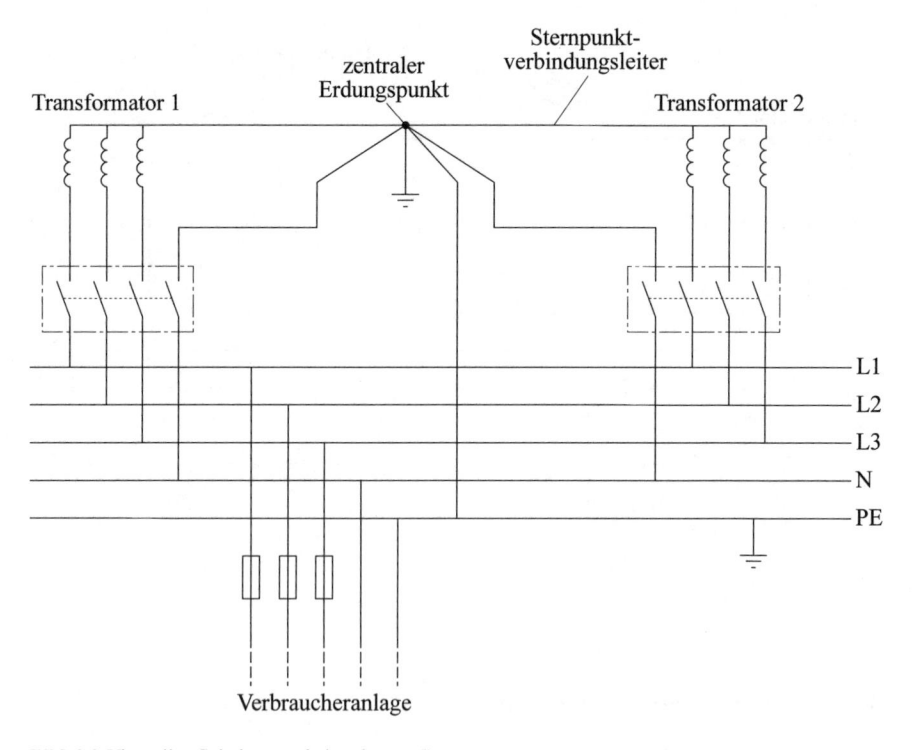

Bild 6.6 Vierpolige Schaltgeräte bei mehreren Stromversorgungen

Beim Schalten des N-Leiters müssen zusätzlich die Anforderungen entsprechend DIN VDE 0100-460 [16] beachtet werden. Danach darf der Neutralleiter nicht einpolig allein geschaltet werden. Es ist sicherzustellen, dass der Neutralleiter erst nach dem Öffnen der Kontakte der aktiven Leiter unterbrochen wird und beim Wiedereinschalten vor den Kontakten der aktiven Leiter geschlossen wird. Die Verwendung eines vierpoligen Schützes wird dabei als annähernd zeitgleich angesehen. Auch bei der Verwendung von Notstromversorgungssystemen muss der N-Leiter mitgeschaltet werden. Kleine kompakte Notstromversorgungssysteme bietet der Markt auch mit einer internen automatischen Bypass-Umschaltung an. Bei solchen fabrikfertigen USV-Systemen sollte immer überprüft werden, ob der N-Leiter tatsächlich geschaltet wird, siehe Bild 44.R9C in DIN VDE 0100-444:2010-10.

6.8 Parallele Verlegung von Einzelleitern

Orte, an denen große vagabundierende Ströme fließen, sind Schaltanlagen, in denen die Verbindungen von der Niederspannungsseite eines HS-Transformators zur Netztrenneinrichtung mit vielen Einzeladerleitungen pro Außenleiter erfolgen, siehe **Bild 6.7**. Hier können Ableitströme von mehreren 10 A auftreten. Dementsprechend sind auch die vagabundierenden Ströme erheblich. Auch Wirbelströme in benachbarten leitenden Flächen werden durch die starken Wechselfelder induziert.

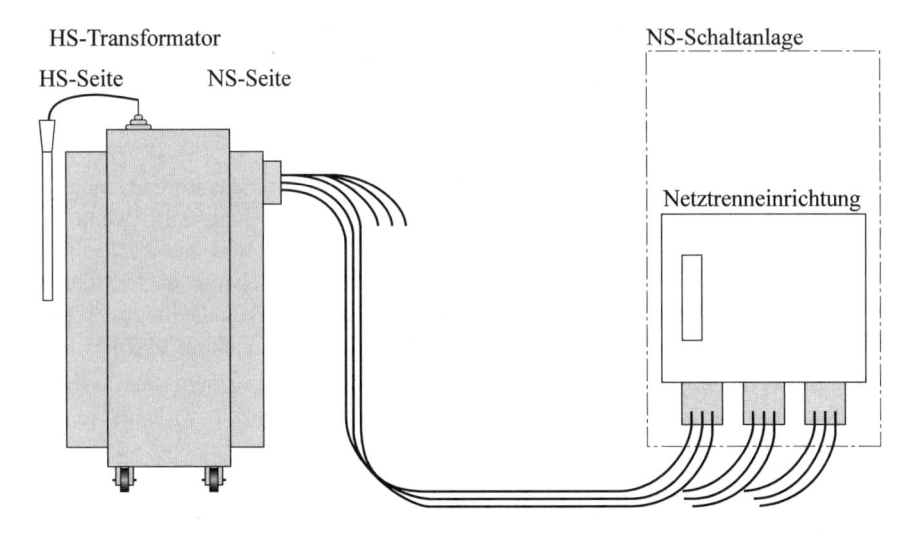

Bild 6.7 Parallele Einzeladern je Außenleiter

Auch wenn pro Außenleiter viele Einzelleitungen erforderlich sind, müssen deshalb die Verbindungen immer als Drehstromsystem verlegt werden (Dreiecksverlegung). Hierfür gibt es sogar spezielle Kabelschellen [17], siehe **Bild 6.8**, mit deren Hilfe eine akkurate Verlegung als Drehstromsystem erleichtert wird. Auch gibt es heute bereits auf dem Markt hochflexible Leitungen mit großen Querschnitten als Drehstromsystem fabrikfertig gebündelt, die nur mit einer Folie zusammengehalten werden und dadurch trotz großem Querschnitt als Dreierbündel leicht verlegt werden können [18] und dabei zusätzlich noch verdrillt sind, siehe **Bild 6.12**.

Auch die Schiffsklassifikations-Gesellschaft Germanischer Lloyd fordert in seinen Bestimmungen die Verlegung als Drehstromsystem in seinen Klassifikationsvorschriften im Abschnitt „Verlegung von einadrigen Kabeln und Leitungen in Wechsel- und Drehstromanlagen" [20], siehe **Bild 6.9**.

Werden pro Außenleiter mehrere Einzelleiter verlegt, müssen sie nicht nur zu einzelnen Drehstromsystemen zusammengebunden und verdrillt werden, sondern bei vielen parallelen Leitungen müssen in dem benachbarten Kabelbündel auch die einzelnen Außenleiter an bestimmten Positionen fixiert sein, siehe **Bild 6.10**. Solch eine Installation muss sorgfältig geplant werden, und die Dokumentation für die Errichtung muss für den Elektrotechniker verständlich sein.

Bei dieser Verlegeform muss z. B. zusätzlich darauf geachtet werden, dass die Leiter eines bestimmten Außenleiters immer nebeneinanderliegen. Der aktive Leiter des Außenleiters L1 liegt dann immer oben im Bündel, und die aktiven Leiter der Außenleiter 2 und 3 liegen im Bündel immer an der Stelle, an der im benachbarten Bündel der gleiche Außenleiter liegt. Diese Verlegeregel ist für eine gleichmäßige Stromaufteilung wichtig, da dann die Impedanzen der parallelen Leiter untereinander annähernd gleich sind. Dieses Prinzip gilt auch für den Fall, wenn die Einzelleiter als Drehstromsystem nebeneinander verlegt werden, siehe **Bild 6.11**. Diese Anordnung wird aus EMV-Gründen jedoch nicht empfohlen.

Die Verlegung von Einzelleitern als Drehstromsystem reduziert das störende magnetische Wechselfeld um das Kabelbündel herum. Eine Verdrillung, auch wenn die Schlagweite nicht eng ist, z. B. 0,5 m, reduziert das äußere magnetische Wechselfeld weiter. Eine sehr kurze Schlagweite von z. B. 3 cm kann natürlich nur bei Querschnitten bis z. B. 4 mm^2 erreicht werden, hilft aber, in Schaltschränken die magnetischen Einflüsse auf andere elektrische Betriebsmittel zu verringern, siehe **Bild 6.13**.

Durch die Verlegung von Einzelleitern als Drehstromsystem in einem dreiphasigen Kabelbündel reduziert sich das magnetische Wechselfeld einzeln verlegter Leiter erheblich.

Die Verlegeprinzipien gelten auch für Einphasensysteme, bei denen der aktive Leiter gemeinsam mit dem Neutralleiter sowie zusammen mit dem Schutzleiter verdrillt verlegt wird.

Bild 6.8 Kabelschelle in Form einer Drei-Einleiter-Bügelschelle für die Fixierung von drei Einzelleitern eines Drehstromsystems zu einem Bündel (Quelle: Obo-Bettermann [19])

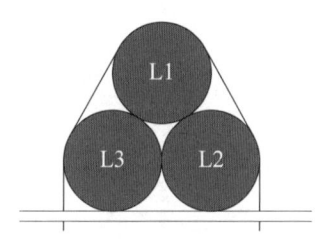

Bild 6.9 Einzelleiter eines Drehstromsystems, gemeinsam verlegt

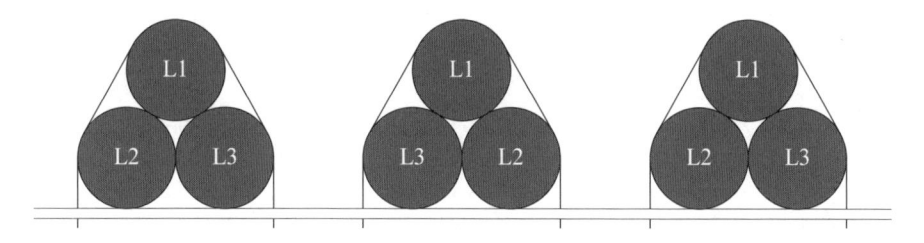

Bild 6.10 Lagewechsel der Außenleiter bei mehreren Bündeln von Einzelleitern

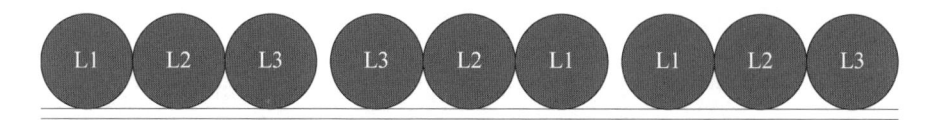

Bild 6.11 Position der Außenleiter bei Verlegung von Einzelleitern nebeneinander

Bild 6.12 Verseilte Leitungen neben parallelen Einzelleitungen (Quelle: Brugg Kabel [18])

Bild 6.13 Eng verdrillte Leitungen (Quelle: Siemens [21])

7 Schutzpotentialausgleich und Funktionserdung/Massung

Der Schutzpotentialausgleich ist eine von vielen Maßnahmen zum Schutz gegen elektrischen Schlag. Mithilfe des Schutzpotentialausgleichs wird erreicht, dass z. B. ein Körper eines Betriebsmittels, der durch eine Person berührt werden kann, kein anderes Potential hat, als die Person, die ihn anfasst. Ein Schutzpotentialausgleich wird auch in elektrischen Anlagen vorgesehen, wenn zwischen unterschiedlichen Körpern oder leitfähigen Teilen, die eine Person gleichzeitig berühren kann, ein Potentialunterschied entstehen kann [22].

Für die Massung werden häufig Verbindungen des Schutzpotentialausgleichs mitgenutzt, jedoch zu einem anderen Zweck, und damit gelten dann für die Massung zusätzliche Anforderungen an den Schutzpotentialausgleich. Eine Massung ist z. B. in der Informationstechnik notwendig, damit alle miteinander kommunizierenden Einrichtungen/Geräte ein einheitliches Bezugspotential haben, und das noch für hohe Frequenzen. Dies ist auch in der Messtechnik wichtig. Masseverbindungen müssen deshalb grundsätzlich eine niedrige Impedanz haben, d. h., der Skin-Effekt muss berücksichtigt werden. Verbindungen nur zum Zweck der Massung sind Funktionserdungsleiter und müssen evtl. neben den entsprechenden Anforderungen für Funktionszwecke zusätzlich die Anforderungen für den Schutzpotentialausgleich erfüllen.

Müssen leitende Verbindungen sowohl den Schutzpotentialausgleich als auch die Massung übernehmen, so wird die erforderliche Stromtragfähigkeit durch den Schutzpotentialausgleich und die Impedanz des Leiters, einschließlich dessen Verbindungen, durch die Anforderungen für die Massung bestimmt.

Schutzleiter von elektrischen Betriebsmitteln der Schutzklasse I, deren Körper mit dem Schutzleiter verbunden werden, übernehmen über die Haupterdungsschiene einen Schutzpotentialausgleich zwischen den angeschlossenen elektrischen Betriebsmitteln.

Ein Schutzpotentialausgleich erfolgt durch elektrische Verbindungen, z. B. mithilfe eines Potentialausgleichsleiters oder eines Schutzleiters (PE), der die Körper elektrischer Betriebsmittel und leitfähige Teile auf gleiches oder annähernd gleiches Potential bringt. Wenn die leitfähigen Teile (Metallteile) der elektrischen Anlage auf gleichem oder annähernd gleichem Potential liegen, trägt dies wesentlich zum Schutz gegen elektrischen Schlag und zur elektromagnetischen Verträglichkeit (EMV) bei. Anders ausgedrückt: Der Potentialausgleich trägt dazu bei, das Risiko eines elektrischen Schlags zu reduzieren und elektromagnetische Störungen zu reduzieren oder sogar zu vermeiden, siehe **Bild 7.1**.

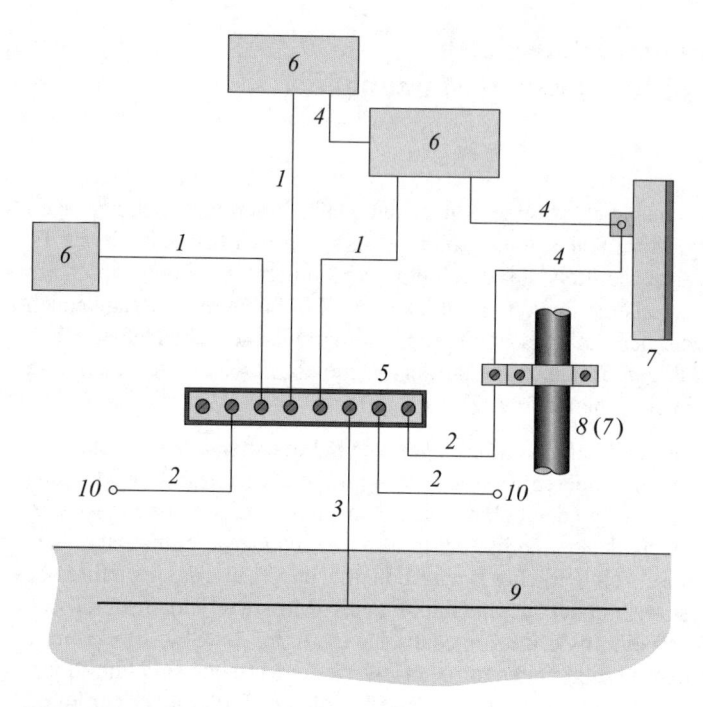

Bild 7.1 Beispiel für den Schutzpotentialausgleich
1 Schutzleiter
2 Schutzpotentialausgleichsleiter
3 Erdungsleiter
4 zusätzlicher Schutzpotentialausgleichsleiter
5 Haupterdungsschiene
6 Körper eines Betriebsmittels
7 leitfähiges Teil
8 Wasserleitung
9 Fundamenterder
10 Funktionserdung

Querschnitt des Außenleiters (Kupfer) S in mm^2	Mindestquerschnitt des zugehörigen Schutzleiters PE (Kupfer) S in mm^2
≤ 16	S
$16 < S \leq 35$	16
$S > 35$	$S/2$

Tabelle 7.1 Mindestquerschnitt für den Schutzleiter

Der Querschnitt des Schutzleiters in mehradrigen Kabeln und Leitungen darf bei größeren Leiterquerschnitten gegenüber den aktiven Leitern reduziert werden, siehe **Tabelle 7.1**.

Wenn der Schutzleiter nicht Bestandteil eines mehradrigen Kabels oder einer Leitung ist und nicht gegen mechanische Beschädigungen geschützt ist, darf er nicht kleiner sein als 4 mm^2 Cu. Ist ein mechanischer Schutz vorhanden, darf der Schutzleiter einen Mindestquerschnitt von 2,5 mm^2 Cu aufweisen.

Die Querschnitte für die Leiter des Schutzpotentialausgleichs (**Tabelle 7.2**) gelten auch für den zusätzlichen Schutzpotentialausgleich, siehe DIN VDE 0100-540 [31] und Band 35 der VDE-Schriftenreihe [22].

Mindestquerschnitt des Schutzpotentialausgleichsleiters S in mm^2	Werkstoff
6	Kupfer
16	Aluminium
50	Stahl

Tabelle 7.2 Mindestquerschnitt für den Schutzpotentialausgleichsleiter

8 Entkopplung durch Abstand, Trennung oder Schirmung

8.1 Entkopplung durch Abstand

Die einfachste Art der Entkopplung von Leistungskabeln mit Signal-/Steuerleitung oder Kabeln der Informationstechnik ist der Abstand. Gemäß DIN VDE 0100-444 muss der Abstand zwischen Leistungskabel und Signal-/Steuerleitung oder Kabel der Informationstechnik ohne trennende Einrichtungen ≥ 200 mm sein, siehe **Bild 8.1**. Häufig ist der Raum aber für die geforderten Abstände der getrennten Verlegung nicht vorhanden. In solchen Fällen müssen trennende Einrichtungen mit Schirmeigenschaften vorgesehen werden.

Bei der Trennung durch Abstand wird vorausgesetzt, dass für jedes Kabel/jede Leitung bereits Schirmungsmaßnahmen vorgesehen wurden. So müssen z. B. Leistungskabel zu einem Drehstromsystem gebündelt und verdrillt sein, und Signal-/Steuerleitungen oder Kabel der Informationstechnik müssen geschirmt und die Schirme an beiden Enden großflächig (Skin-Effekt) mit Erde verbunden sein.

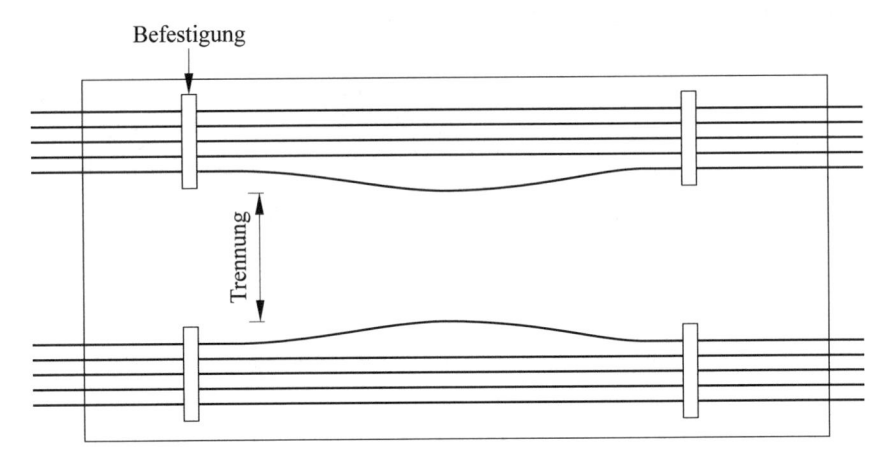

Bild 8.1 Trennung durch Abstand (Quelle: DIN VDE 0100-444:2010-10)

8.2 Entkopplung durch Trennung

Bei der Verwendung von metallenen Kabelkanälen können die Abstände zwischen Leistungskabeln/-leitungen, Signal-/Steuerleitung und Kabeln der Informationstechnik verringert werden, siehe **Tabelle 8.1** und **Bild 8.2**.
Natürlich ist die Wärmeabfuhr bei Kabeltragsystemen mit einem Drahtkorb besser, doch die Schirmwirkung ist geringer. Es muss bei der Wahl der Abstände zwischen Wärmeabfuhr und Schirmwirkung abgewogen werden. Auch der Zugang für die Verlegung von weiteren Kabeln und Leitungen bei einer Erweiterung muss bei der Festlegung der Abstände betrachtet werden. Die angegebenen Abstände entsprechend Tabelle 8.1 sind Mindestabstände.
Die Abstände gelten für Frequenzen von DC bis 100 MHz.
Die Reihenfolge der Lagen kann auch umgekehrt werden. Im Beispiel in **Bild 8.3** wurden die Leitungen mit der höchsten Erwärmung unter Berücksichtigung der Thermik für die oberste Lage vorgesehen. Aus Massegründen kann die unterste Lage für die schwereren Leistungskabel die bessere Lösung sein. Bei der Festlegung für Verwendung der Lagen sind neben den EMV-Anforderungen also noch weitere Anforderungen zu berücksichtigen. Die Reihenfolge muss aus EMV-Gründen jedoch immer eingehalten werden [23]. Die Abstände zwischen den Lagen gelten bis zu einem Gesamtstrom von ≤ 600 A im gesamten Kabeltragsystem. Bei höheren Gesamtströmen müssen die Abstände vergrößert werden.

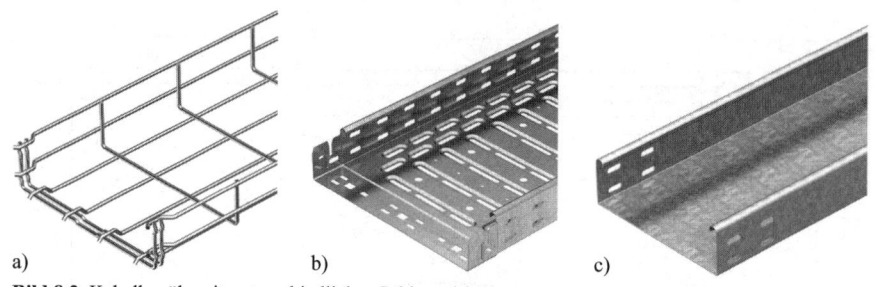

a) b) c)

Bild 8.2 Kabelkanäle mit unterschiedlicher Schirmwirkung –
a) Drahtkorb (Gitterrinne), b) Lochblech, c) geschlossene Wanne (Quelle: Obo-Bettermann [19])

Ohne Trennung	Bei offener metallener Trennung	Bei gelochter metallener Trennung	Bei geschlossener metallener Trennung
≥ 200 mm	≥ 150 mm	≥ 100 mm	≥ 0 mm
	Maschenweite bis 50 mm × 100 mm	Wandstärke ≥ 1 mm Anteil der Öffnungen ≤ 20 % der Fläche	Wandstärke ≥ 1 mm

Tabelle 8.1 Trennungsabstände in Abhängigkeit der Art von magnetischen Hindernissen [2]

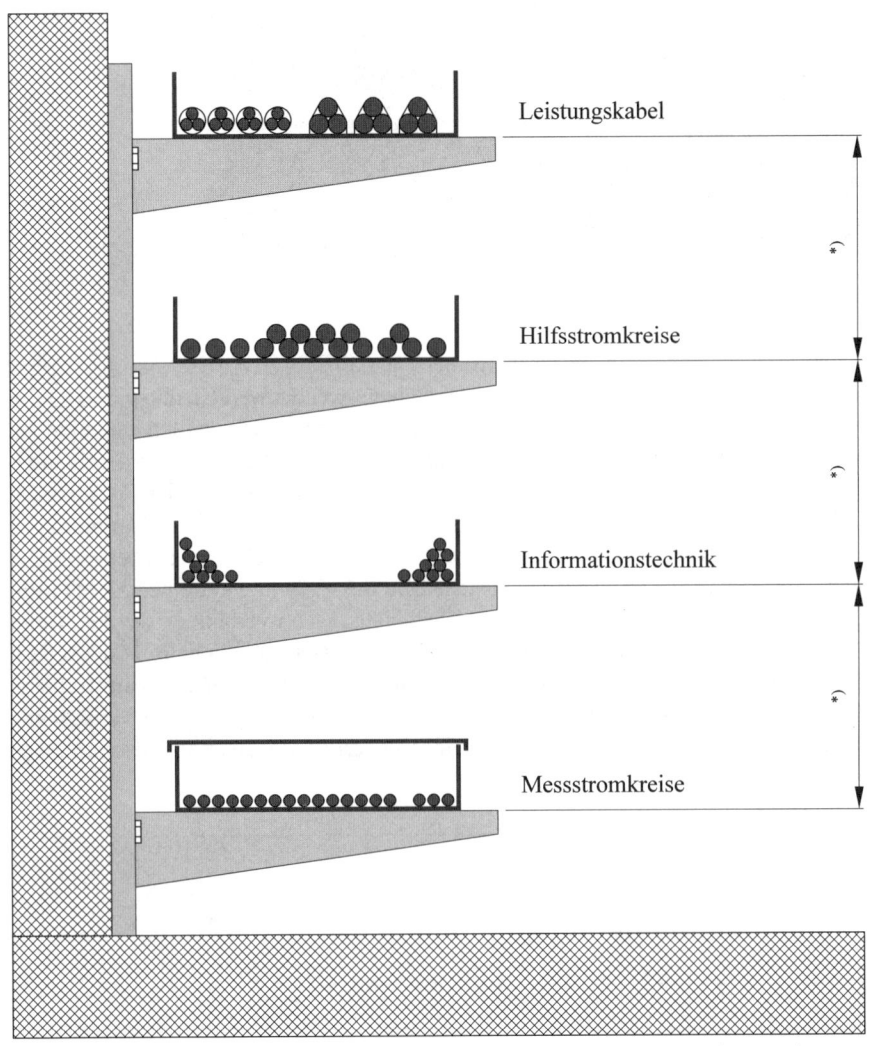

*) Die Abstände müssen in Abhängigkeit der Art der Kabelkanäle entsprechend Tabelle 6 bestimmt werden.

Bild 8.3 Aufbau eines Kabeltragsystems

Es können Leistungskabel/-leitungen mit Kabeln der Informationstechnik in einem Kabelkanal verlegt werden, wenn zwischen den unterschiedlichen Leitungen ein metallener Trennsteg eingebaut ist, siehe **Bild 8.4**.

Bild 8.4 Kabelkanal mit Trennsteg (Quelle: Obo-Bettermann [19])

Kabeltragsysteme und Kabelpritschen dürfen gemäß DIN VDE 0100-540 als Schutzleiter oder Schutzpotentialausgleichsleiter nicht verwendet werden, müssen so häufig wie möglich in den Schutzpotentialausgleich mit eingebunden werden und mind. an beiden Enden mit Erde verbunden werden. Alle Abschnitte müssen untereinander elektrisch verbunden sein. Dies kann durch die Konstruktionen der Kabelkanäle selbst erfolgen, oder die Teilstücke eines Kabelkanals müssen mit Hilfsmitteln miteinander verbunden werden. Diese Verbindung muss für hohe Frequenzen geeignet sein. Der Skin-Effekt ist zu beachten, siehe **Bild 8.5**. Kabeltragsysteme sollten mittig oder alle 25 m mit dem Schutzpotentialausgleichssystem verbunden werden. Beim Übergang der Kabel und Leitungen vom Kabeltragsystem zum Schaltschrank sollten die Kabelkanäle mithilfe einer niederimpedanten Verbindung mit der Schirmschiene des entsprechenden Schaltschranks verbunden werden [24]. Parallel verlaufende Kabeltragsysteme sollten auch untereinander niederimpedant miteinander verbunden werden.

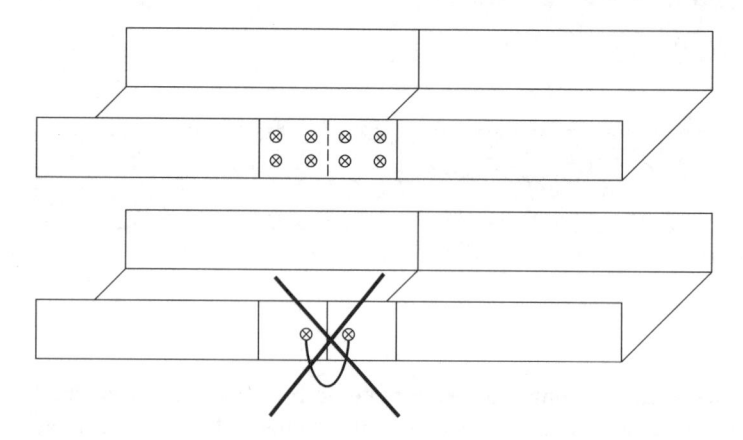

Bild 8.5 Großflächige Verbindungsteile anstatt einer Leitung

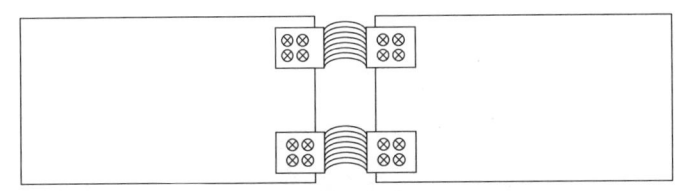

Bild 8.6 Verbindung mit niedriger Impedanz eines Kabelkanals durch eine Brandschutzmauer

Müssen Kabeltrassen durch eine Brandschutzmauer verlegt werden, so müssen die Kabeltragsysteme in der Regel unterbrochen werden und dürfen nicht durch die Mauer weitergeführt werden. Das unterbrochene Kabeltragsystem muss jedoch niederimpedant miteinander verbunden werden. In solchen Situationen sollten flexible Kupferbänder verwendet werden, die großflächig die Kabelkanäle durch die Brandschottung miteinander verbinden, siehe **Bild 8.6**.

Maximale Stapelhöhe

Die max. Höhe von Signal-/Steuerleitungen oder Kabeln der Informationstechnik, die übereinander zusammen verlegt werden, ist in DIN EN 50174-2 (**VDE 0800-174-2**) [25] festgelegt. Bei kontinuierlicher Auflage darf bis max. 150 mm übereinander verlegt werden. Ist keine kontinuierliche Auflagefläche vorhanden, z. B. bei Körben oder Streben, dann ist die max. Stapelhöhe abhängig vom Abstand der Elemente, die sie halten, vorausgesetzt der Kabelhersteller lässt solche Abstände zu, siehe **Tabelle 8.2**.

Abstand zwischen den Auflagepunkten	Maximale Stapelhöhe
0 mm	150 mm
100 mm	140 mm
150 mm	136 mm
250 mm	128 mm
500 mm	111 mm
750 mm	98 mm
1 000 mm	88 mm
1 500 mm	73 mm

Tabelle 8.2 Maximale Stapelhöhe

Bei der räumlichen Positionierung von Signal-/Steuerleitungen oder Kabeln der Informationstechnik innerhalb eines Kabelkanals sollten immer die Querschnittsflächen eines Kabelkanals mit der höchsten Schirmwirkung genutzt werden, siehe **Bild 8.7**.

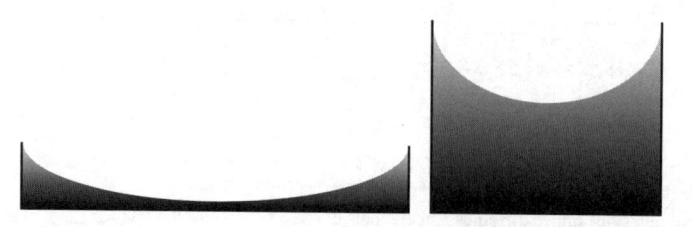

Bild 8.7 Querschnittsflächen mit der höchsten Schirmwirkung

Kabelkanäle mit Deckeln

Werden Kabelkanäle aus Abschirmungsgründen mit einem Deckel verschlossen, muss der Deckel mind. an beiden Enden mit einem Band von max. 10 cm Länge mit einem Mindestquerschnitt von $\geq 2{,}5$ mm² mit dem Kabelkanal verbunden werden. Grundsätzlich sollte über die gesamte Länge des Deckels eine gut leitende Verbindung mit dem Kabelkanal angestrebt werden.

Kreuzen von Leistungskabeln mit Signal-/Steuerleitungen oder Kabeln der Informationstechnik

Kreuzen sich Verlegewege von Signal-/Steuerleitungen oder Kabeln der Informationstechnik mit Leistungskabeln, muss das Kreuzen in einem Winkel von 90° erfolgen, damit sich die „parallele" Leitungsführung sich auf ein Minimum begrenzt. Die 90°-Lage darf erst wieder verlassen werden, wenn der Mindestabstand, in Abhängigkeit von der verwendeten Art des Kabelkanals (Schirmwirkung) entsprechend Tabelle 7.2, erreicht ist.

8.3 Entkopplung durch Schirmung

Ein Schirm sollte grundsätzlich durchgängig unterbrechungsfrei verlegt sein und, wenn möglich, auch zwischendurch geerdet werden.

Schirme sollten grundsätzlich bei der Einführung in ein Betriebsmittel oder in einen Schaltschrank großflächig mit Erde verbunden werden. Bei Steckverbindungen darf der Schirm nicht über Steckerpins geführt werden, sondern grundsätzlich über das metallene Steckergehäuse. Bei Kunststoffsteckverbindungen sollte die Steckverbindung auf einer metallenen Platte fixiert und die Schirme beiderseits der Steckverbindung großflächig mit dieser Platte verbunden werden.

8.3.1 Arten von Schirmen

Bei der Verwendung von geschirmten Leitungen sollte auf die Qualität des Schirms geachtet werden. Einfache Schirme haben geringere Schirmwirkung als aufwendigere Schirme. Einfache Schirme, wie gewickelte Folien, haben z. B. bei 100 MHz praktisch keine Schirmwirkung mehr und sind als Datenkabel ungeeignet. Folgende Schirmausführungen sind am Markt erhältlich:

- gewickelte Folie mit Beidraht (Schirmwirkung nur bei niedrigen Frequenzen),
- Einfachgeflecht (Schirmwirkung vorhanden),
- Doppelgeflecht (verbesserte Schirmwirkung)[*],
- Doppelgeflecht mit eingelegter magnetischer Folie (beste Schirmwirkung)[*].

[*] Bei Schirmen mit Doppelgeflecht (Triax-Kabel) sollte der äußere Schirm beidseitig großflächig und der innere Schirm einseitig angeschlossen werden.

Geschirmte Leistungskabel/-leitungen, siehe **Bild 8.8**, dürfen an Umrichtern nur mit einer begrenzten Gesamtlänge angeschlossen werden, da die Kapazitäten der Schirme die gepulste Ausgangsspannung beeinflussen. Bei der Planung der geschirmten Leistungskabel/-leitungen müssen die Herstellerangaben für die max. Kabel-/Leitungsgesamtlänge des Umrichterlieferanten beachtet werden.

Der Schirm eines Leistungskabels/einer Leistungsleitung darf nicht als Schutzleiter verwendet werden, obwohl der Schirm mit dem Schutzleitersystem/Schutzpotentialausgleichssystem verbunden wird. Auch die Anforderungen an Mindestquerschnitt und Kennzeichnungspflicht (grün-gelb über die gesamte Länge) können nicht erfüllt werden.

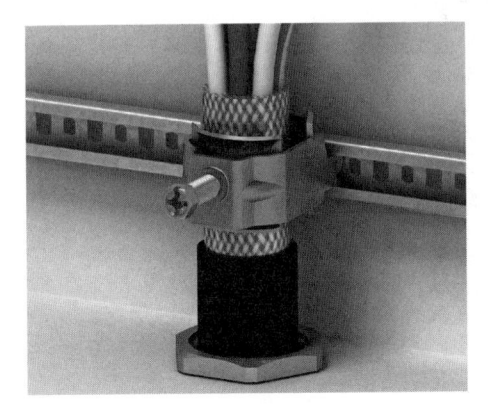

Bild 8.8 Leistungskabel mit Schirmgeflecht (Quelle: Obo-Bettermann [19])

8.3.2 Quetschung von Schirmen

Bei der Montage von geschirmten Kabeln und Leitungen muss darauf geachtet werden, dass die Schelle, die auf den Schirm drückt, die gleiche Form und Abmessung hat wie der Schirm. Eine Verformung des Schirms bei der Befestigung/beim Anschluss ist nicht zugelassen, siehe **Bild 8.9**. Beim Anschluss sollte nur „handfest angezogen" werden. Schirmschienen dürfen Kabelabfangschienen nicht ersetzen. Die Fixierung/Kontaktierung des Schirms darf nicht zu einer asymmetrischen Form des Schirms um die zu schirmenden Leitungen führen [26].

Schirme, insbesondere bei Koaxialkabeln, verlieren einen Teil ihrer Schirmwirkung, wenn der zu schützende Leiter nicht im Zentrum des Schirmmantels liegt. Bei der Montage müssen die minimal zulässigen Biegeradien von geschirmten Leitungen ebenfalls beachtet werden. Dies gilt auch für die Verlegung in Kabelkanälen, wenn die Kabelkanäle um eine Ecke verlegt werden.

Ein Verdrehen von geschirmten Leitungen, insbesondere beim unkontrollierten Abrollen von einer Kabeltrommel bei der Verlegung, kann zu einer Verformung des Schirms führen. Das Aufwickeln und Deponieren von Restlängen einer geschirmten Leitung in einem Kabelkanal mit vielleicht zu geringen Biegeradien kann zur Deformierung des Schirmquerschnitts führen. Dieser Montagefehler tritt häufig bei steckerfertigen konfektionierten Kabeln/Leitungen auf.

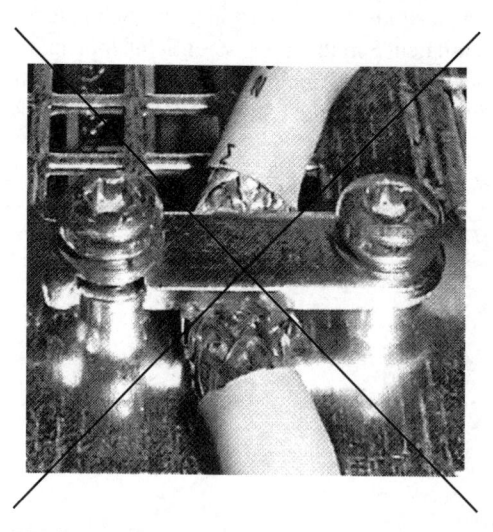

Bild 8.9 Ungeeigneter Anschluss eines Schirms mit Quetschung

8.3.3 Erdung von Schirmen

In der analogen Regelungstechnik wurden früher Schirme einseitig geerdet und vom gemeinsamen Erdungspunkt strahlenförmig verlegt. Dies hatte neben der Schirmwirkung den Vorteil, dass über die Schirme keine Ausgleichsströme fließen konnten. Diese Methode hat jedoch in der Regel nur bis ca. 16 kHz eine Schirmwirkung. Bei höheren Frequenzen, die heute üblicherweise auftreten, muss – wenn eine Schirmwirkung entstehen soll – an beiden Enden des geschirmten Kabels/der Leitung geerdet werden, und das mit einer niedrigen Impedanz, da solche Verbindungen hohe Frequenzen ableiten sollen. **Bild 8.10** zeigt eine geerdete Seite der Schirmbehandlung in einem Schaltschrank. Mittlerweile gibt es Produkte am Markt, die einen impedanzarmen Anschluss des Schirms ermöglichen, siehe **Bild 8.11**. Auch eine Quetschung des Schirms kann mit solchen Verbindungselementen verhindert werden, und ein konstanter Druck auf das Schirmgeflecht bleibt dauerhaft erhalten.

Der Nachteil der beidseitigen Verbindung ist, dass mit dem Schirm unterschiedliche Potentiale überbrückt werden können. In solchen Fällen können dann über den Schirm Ausgleichsströme fließen.

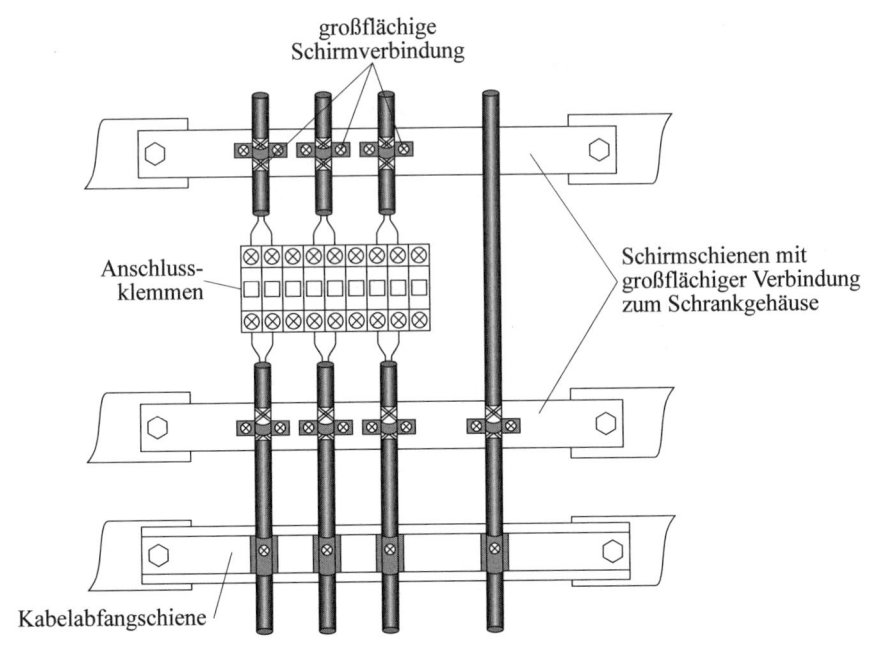

Bild 8.10 EMV-gerechte Verbindungen von geschirmten Leitungen

Bild 8.11 Schirmklammern ohne Quetschung des Schirms (Quelle: Icotek GmbH [35])

Reserveadern von Signal-/Steuerleitungen oder Kabeln der Informationstechnik sollten zur Steigerung der Schirmwirkung an beiden Enden ebenfalls geerdet werden. Überflüssige Leitungslängen bilden unnötig Koppelkapazitäten und -induktivitäten und sind zu vermeiden. Eine enge Leitungsführung an geerdeten Metallflächen verringert Störeinkopplungen, s. a. Kapitel 8.3.5 in diesem Buch zum Thema Leiterschleifen.

Berücksichtigung des Skin-Effekts

Hohe Frequenzen bedeuten aber auch, dass der Skin-Effekt eintritt. Um diesen Effekt auszuschließen, müssen Verbindungen zur Erde großflächig sein. Auch die Verbindung von Erdungsschienen mit dem Gehäuse/Schaltschrank, in denen Schirme mit Schellen angeschlossen werden, muss mit einer niedrigen Impedanz erfolgen, z. B. mit Bändern, die nicht länger als 10 cm sind, siehe **Bild 8.12**.

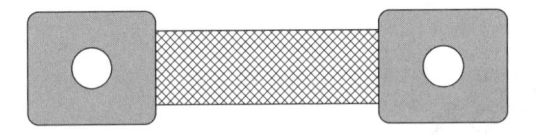

Bild 8.12 Flexible Verbindung mit niedriger Impedanz

Das Verrödeln von Schirmgeflechten an den Enden einer geschirmten Leitung zu einem Zopf (engl. Pigtail) für einen Anschluss verringert die Oberfläche des Schirms erheblich und reduziert den zur Stromführung von hohen Frequenzen zur Verfügung stehenden Querschnitt, siehe **Bild 8.13**. Solche Verbindungen werden häufig in Steckern hergestellt, was zusätzlich zu erhöhter Erwärmung führt, da sich der hochfrequente Widerstand im Stecker befindet und zu einer Brandgefahr werden kann.

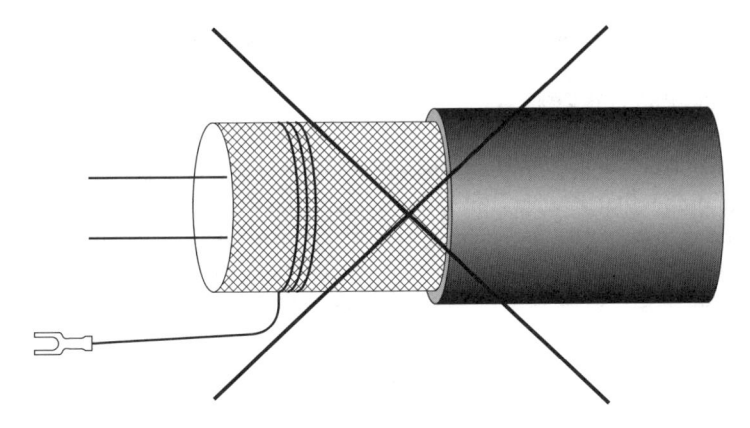

Bild 8.13 Ungeeigneter Anschluss eines Schirms

Bei der Kabeleinführung in ein metallenes Gehäuse/Schaltschrank mit speziellen Kabelverschraubungen mit Erdungseinsatz kann der Schirm niederimpedant mit dem Gehäuse verbunden werden. Bei dieser Methode wird der Schirm in seinem Gesamtumfang großflächig mit dem Gehäuse verbunden, siehe **Bild 8.14**.

Bild 8.14 EMV-Kabelverschraubung ohne Schirmunterbrechung (Quelle: Jacob GmbH [27])

8.3.4 Entlastungsleiter für Schirme

Der in diesem Buch behandelte Entlastungsleiter ist immer ein Potentialausgleichsleiter; so könnte dieser Leiter auch „Entlastungspotentialausgleichsleiter" heißen. Die Kurzform ist jedoch bei der Behandlung dieses Themas leichter handhabbar. Entlastungsleiter in Gebäuden sind dem „zusätzlichen Potentialausgleich" zuzuordnen. Entsprechende Begriffe werden im IEV 195 behandelt:

IEV 195-02-16, Funktionspotentialausgleichsleiter:
„Leiter zur Herstellung des Funktionspotentialausgleichs."

Für den Entlastungsleiter des Schirms zwischen Gebäuden oder Bereichen von Anlagen ist im IEV 195 definiert:

IEV 195-02-29, Parallelerdungsleiter:

„*Üblicherweise entlang der Kabelstrecke verlegter Leiter, der dazu vorgesehen ist, eine Verbindung mit kleiner Impedanz zwischen den Erdungsanlagen an den Enden der Kabelstrecke herzustellen.*"

Auch in IEV 826-13-13 ist der parallele Erdungsleiter definiert:

„*Leiter entlang einer Kabelstrecke, der dazu vorgesehen ist, eine Verbindung mit kleiner Impedanz zwischen den Erdungsanlagen an den Enden der Kabelstrecke herzustellen.*"

Die Praxis zeigt, dass auch zwischen dicht benachbarten Gebäuden (z. B. in Reihenhausanlagen) Potentialdifferenzen bestehen können, die über die Schirme der Signalkabel „ausgeglichen" werden. Diese Potentialdifferenzen sind beim Anschließen oder Abklemmen von Schirmen häufig beobachtet worden.

Die Potentialdifferenzen sind abhängig von der Netzform (System) der Stromversorgung für diese Gebäude. Beim TT-System (**Bild 8.15**) kann es eine höhere Potentialdifferenz zwischen den Fundamenterdern geben, beim TN-C-System weniger, jedoch abhängig von der Belastung des PEN-Leiters (Spannungsausgleichsvorgänge); beim TN-S-System gibt es ideale Verhältnisse: einen Schutzleiter (PE), der betriebsmäßig (nahezu) keinen Strom führt.

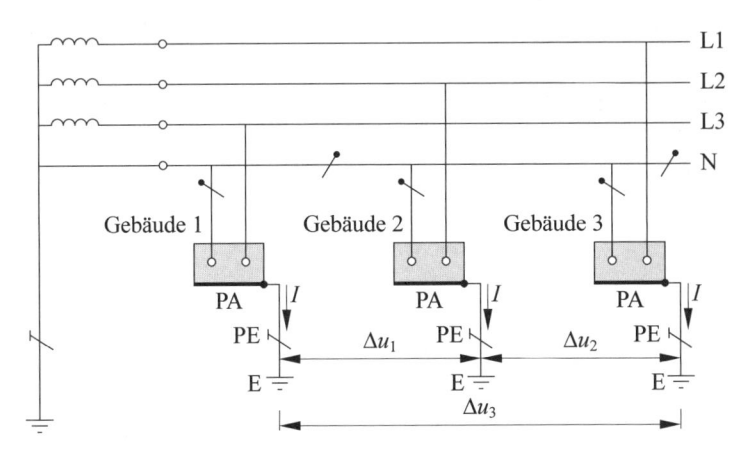

Bild 8.15 TT-System mit getrennten Fundamenterdern

Zwischen den Fundamenterdern der einzelnen Gebäude bestehen Spannungsunterschiede (Potentialdifferenzen). Die Spannungsunterschiede (Potentialdifferenzen Δu) entstehen durch Fehlerströme oder durch Ableitströme (Schutzleiterströme) I.

Der Schirm von Leitungen, z. B. der Telekommunikation oder Kabelfernsehen, wirkt als Potentialausgleichsleiter zwischen den Gebäuden, siehe **Bild 8.16**. Aus Gründen der EMV dürften TT-Systeme nur noch mit gemeinsamen Fundamenterder für alle Körper und auch für alle am selben Netz angeschlossenen Gebäude angewendet werden – doch dann kann man auch gleich ein TN-S-System anwenden. Bei geschlossener Bebauung, bei denen die Fundamenterder der Gebäude miteinander gekoppelt sind, gibt es fast keine „local earth electrodes" (Einzelerder) mehr; auch durch die Vielzahl von Signalkabeln mit Schirm oder koaxialem Außenleiter werden die „local earth electrodes" miteinander verbunden.

Beim TT-System mit (ursprünglich) getrennten Fundamenterdern, die zusätzlich zu parallelen Signalkabeln, TV-Anschluss und parallelem Entlastungsleiter (PA) noch weitere zufällige Verbindungen (z. B. durch eine Wasserleitung aus Metall oder durch eine Metallbewehrung eines Kabels zwischen PA und dem Betriebserder R_B) haben, kann auch aus einem TT-System ein TN-S-System werden lassen, siehe **Bild 8.17**.

Aus Sicherheitsgründen müsste parallel zum koaxialen „Außenleiter" ein zusätzlicher Leiter (PA) verlegt werden. Ein Inselbetrieb ist unrealistisch; er wird durch die Schirme der Signalverkabelung aufgehoben.

Für ein IT-System gelten analoge Argumente, d. h., ein IT-System mit Potentialausgleich zwischen allen Körpern der elektrischen Betriebsmittel dieses Systems ist EMV-gerecht. Für das IT-System mit getrennten Fundamenterdern der Körper gelten dieselben Argumente wie für das TT-System mit getrennten Fundamenterdern.

Bezüglich EMV hat das TN-S-System gegenüber dem TT-System den Vorteil einer definierten „Fehlerschleife".

Aus dem **Bild 8.18** geht hervor, dass durch das Signalkabel – genauer: durch dessen Schirm und die Entlastungsleiter (Potentialausgleichsleiter) – aus einem ursprünglichen TT-System ein TN-S-System wird.

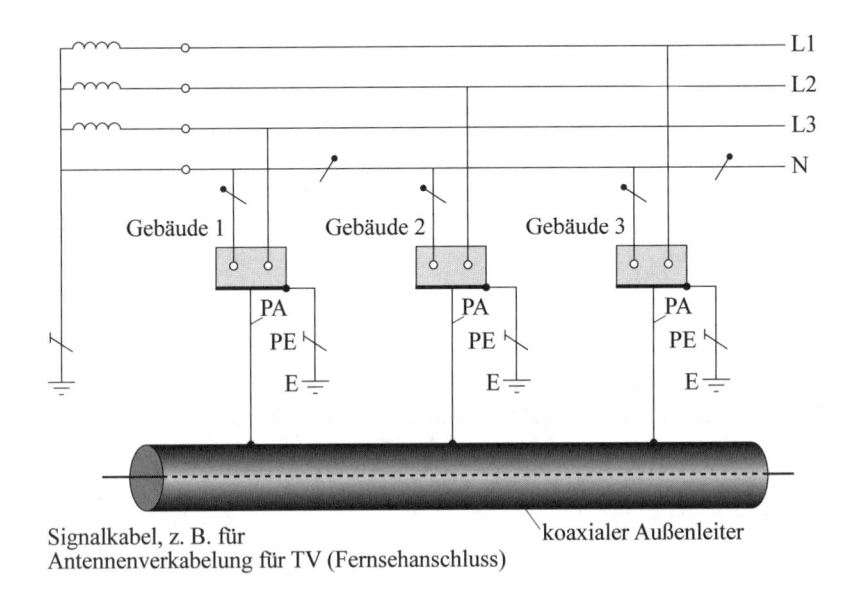

Bild 8.16 TT-System mit (ursprünglich) getrennten Fundamenterdern, verbunden durch ein Signalkabel

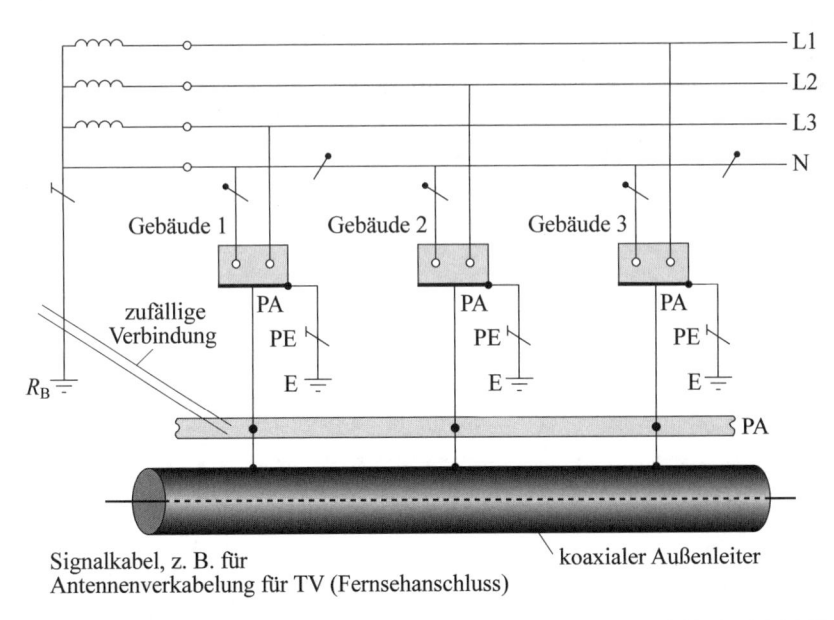

Bild 8.17 TT-System mit (ursprünglich) getrennten Fundamenterdern, die zufällig durch leitfähige Teile miteinander verbunden sind

71

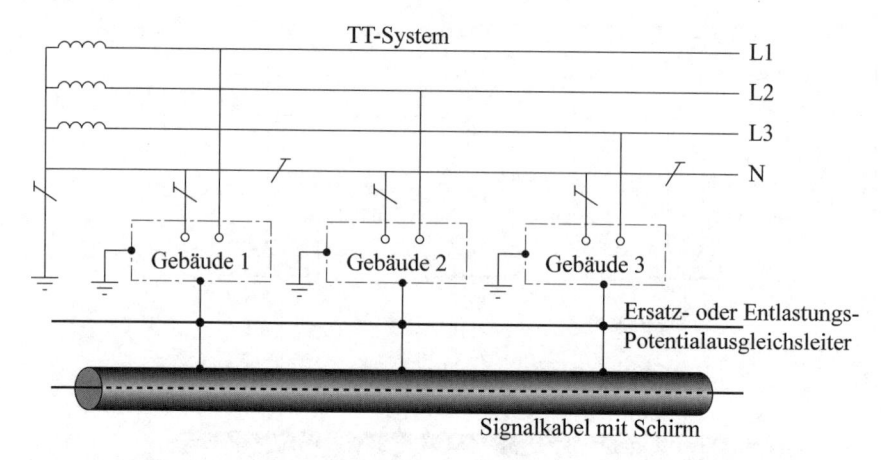

Bild 8.18 Beispiel für einen Ersatz- oder Potentialausgleichsleiter im TT-System
(Quelle: DIN V VDE V 0800-2:2011-06)

Normative Anforderungen

Da die Schirmwirkung bei höheren Frequenzen erst dann einsetzt, wenn ein Schirm beidseitig mit Erde verbunden wird und die Verbindung niederimpedant ist, kann ein Schirm unterschiedliche Potentiale überbrücken, wodurch über diesen Schirm Potentialausgleichsströme fließen. Dies führt zur Erwärmung und sogar zur Zerstörung des Schirms und letztendlich auch der Leitung. DIN VDE 0100-444 fordert deshalb in solchen Fällen die Errichtung eines parallelen Schutzpotentialausgleichsleiters, siehe **Bild 8.19**. Ist dies nicht erlaubt, muss diese geschirmte Leitungsverbindung durch eine galvanisch trennende Verbindung ersetzt werden, z. B. durch die Verwendung von Lichtwellenleitern (LWL).

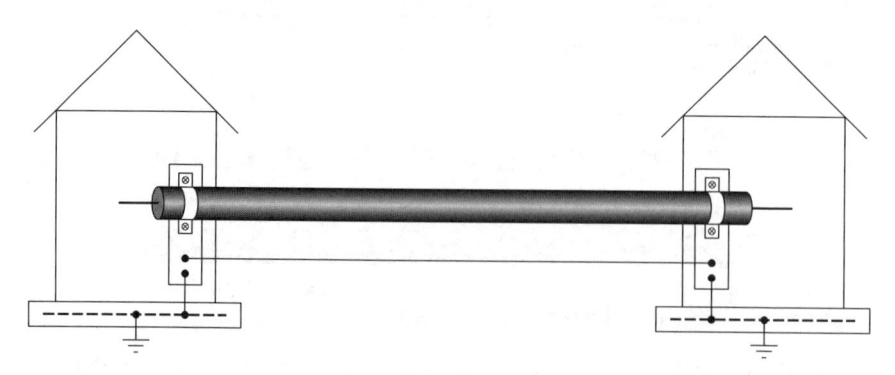

Bild 8.19 Paralleler Potentialausgleichsleiter als Schirmentlastungsleiter

$d_{\text{paralleler Leiter}} \geq d_{\text{Schirm}}$

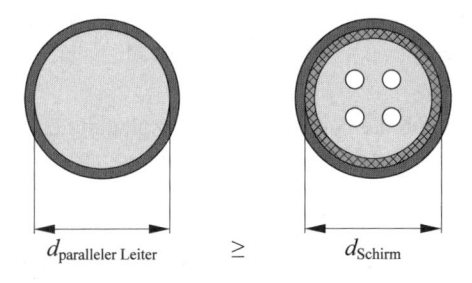

Bild 8.20 Durchmesser des parallelen Schirmentlastungsleiters

Wenn unabhängige, nicht gekoppelte Fundamenterder von Gebäuden durch einen beidseitig geerdeten Schirm einer Signal-/Steuerleitung oder eines Kabels der Informationstechnik miteinander verbunden werden, muss ein zum Schirm parallel verlegter Potentialausgleichsleiter verlegt werden. Dieser Ausgleichsleiter muss mind. die gleiche Impedanz wie der Schirm haben. Um den Skin-Effekt zu berücksichtigen, sollte der Durchmesser des Potentialausgleichsleiters mind. den gleichen Durchmesser haben wie der Schirm, siehe **Bild 8.20**.

8.3.5 Leiterschleifen durch Schirme

Installationsschleifen oder parallel geführte Leitungen koppeln elektromagnetische Störfelder, in denen dann eine Störspannung induziert wird. Alle vagabundierenden Ströme in einer Elektroinstallation und alle um den Ableitstrom reduzierten Leitungen von Wechselstromleitungen liefern Störfelder, die dann von solchen Leiterschleifen aufgefangen werden. Auch Blitzeinschläge erzeugen in Leiterschleifen erhebliche Schleifenströme.

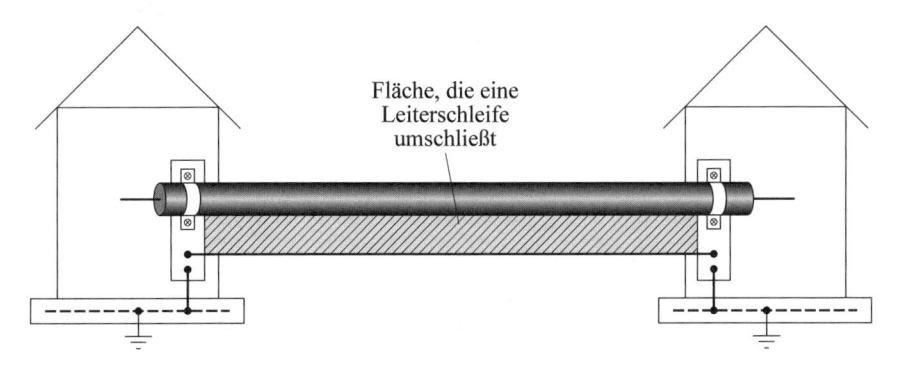

Bild 8.21 Querschnitt einer Leiterschleife

Je größer die Fläche, die eine Leiterschleife umschließt, desto größer ist auch ihre Kopplung mit magnetischen Feldern, durch die eine Störspannung in die Leiterschleife induziert wird, siehe **Bild 8.21**.

In einigen Fällen muss abgewogen werden, ob die bei der Installationsplanung entstandene Leiterschleife unumgänglich ist oder andere Gegenmaßnahmen getroffen werden müssen.

Beispiel: Führt der Schutzleiter eines Betriebsmittels einen Ableitstrom von > 10 mA, so muss entweder der Schutzleiter einen Mindestquerschnitt von 10 mm^2 Cu haben oder ein zweiter, unabhängiger Schutzleiter mit gleichem Querschnitt und eigener Anschlussklemme muss vorgesehen werden. Alternativ kann auch eine Schutzleiterüberwachung vorgesehen werden, oder der Ableitstrom wird „vor Ort" mittels eines Trenntransformators abgeleitet. Sollte die Lösung mit dem zweiten parallelen Schutzleiter gewählt werden, so stellt dieser zweite Leiter eine Redundanz zu Schutzzwecken mit dem ersten Schutzleiter dar und sollte eigentlich auf einem anderen Weg verlegt werden, damit ein Ereignis nicht beide Schutzleiter gleichzeitig zerstört bzw. unterbricht. Würde diese Lösung gewählt, hat man u. U. eine große Leiterschleife errichtet.

Leitungen der Stromversorgung sollten zur Vermeidung von Schleifenbildung möglichst eng und parallel mit Leitungen der Informationstechnik verlegt werden. Doch dies entspricht nicht dem Grundprinzip der EMV, dass solche Leitungen möglichst mit einem geringen Abstand verlegt werden. Durch geschickte Auswahl und Kombination von Schirmungsmaßnahmen kann aber in der Regel eine gewünschte enge und parallele Leitungsführung ermöglicht werden, siehe **Bild 8.22**.

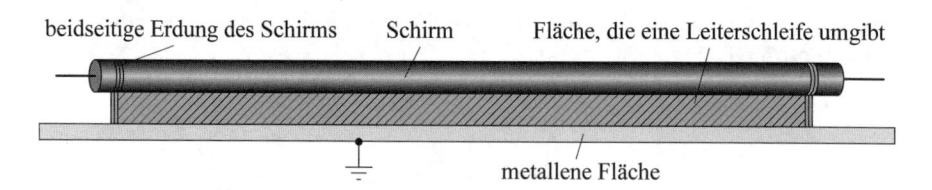

Bild 8.22 Leiterschleife parallel zu einer metallenen Fläche

Leiterschleifenbildung durch verschiedene Stromversorgungen

Beim Anschluss von Betriebsmitteln mit der Stromversorgung und der Signalleitung können Leiterschleifen entstehen (**Bild 8.23**). Durch sorgfältige Planung können solche Schleifen verhindert bzw. reduziert werden. Die Verwendung von Betriebsmitteln der Schutzklasse II erspart z. B. den Schutzleiteranschluss und vermeidet eine Leiterschleife mit dem Schirm der Signalleitung.

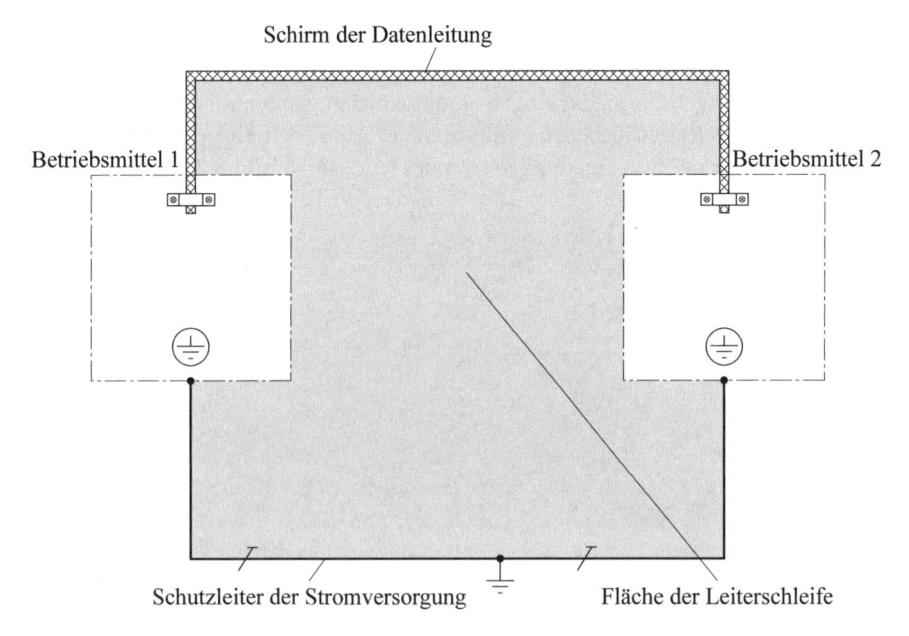

Bild 8.23 Große Leiterschleife durch falsche Verlegung

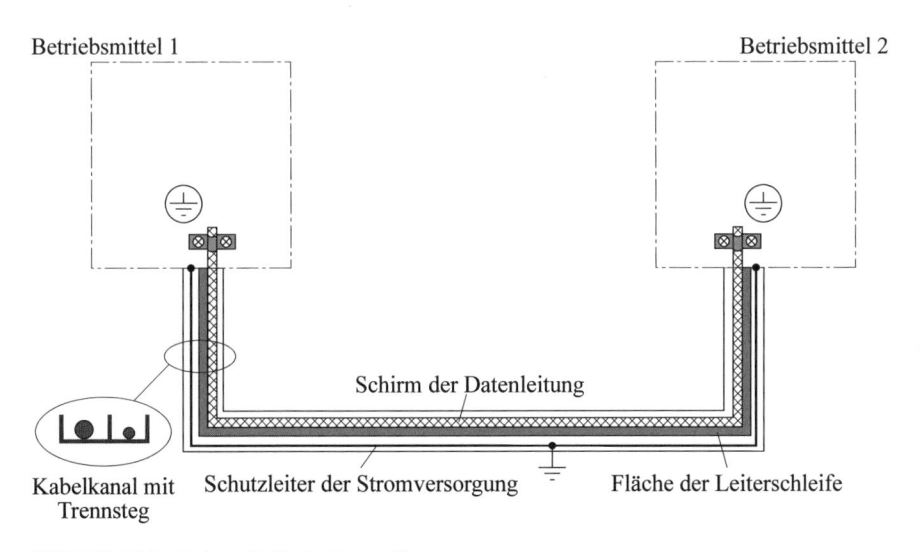

Bild 8.24 Kleine Leiterschleife durch gute Planung

75

Zur Verkleinerung von Leiterschleifen müssen Planer der Elektroinstallation mit Planern der Daten- und Telekommunikation zusammenarbeiten.

Die Kabel/Leitungen für die Stromversorgung können gemeinsam mit den Signal-/Steuerleitungen oder den Kabeln der Informationstechnik denselben Installationsweg nutzen, wenn die richtige Trennung verwendet wird, siehe **Bild 8.24**.

9 EMV-Dokumentation

Alle elektrotechnischen Installationen (Anlagen) mit ihren fest verbundenen Betriebsmitteln sowie alle an der Anlage möglichen steckbaren Betriebsmittel müssen untereinander elektromagnetisch verträglich sein. Dies bedeutet, dass sowohl bei der Störausstrahlung als auch bei der Störfestigkeit alles aufeinander abgestimmt sein muss. Einzelne Betriebsmittel dürfen weder Störer sein noch gestört werden können. Dafür gibt es in den einschlägigen Normen Grenzwerte, siehe Kapitel 4 dieses Buchs.

Solange alle Betriebsmittel in einem Gebäude störungsfrei arbeiten, gibt es keine Hinterfragung, ob die elektrische Anlage EMV-gerecht errichtet wurde und die verwendeten Betriebsmittel für den vorgesehenen Einsatz geeignet sind. Wird jedoch ein Betriebsmittel gestört, beginnt die Suche nach dem Störer.

Damit die Suche in geordneten Bahnen abläuft, müssen Dokumente zur Verfügung stehen, mit deren Hilfe eine erste Prüfung möglich ist. Der Gesetzgeber hat dazu im EMV-Gesetz [4] Folgendes festgelegt:

Ortsfeste Anlagen müssen so betrieben und gewartet werden, dass sie mit den grundsätzlichen Anforderungen nach § 4 Abs. 2 Satz 1 übereinstimmen. Dafür ist der Betreiber verantwortlich. Er hat die Dokumentation nach § 4 Abs. 2 Satz 2 für Kontrollen der Bundesnetzagentur zur Einsicht bereitzuhalten, solange die ortsfeste Anlage in Betrieb ist. Die Dokumentation muss dem aktuellen technischen Zustand der Anlage entsprechen.

Durch dieses Gesetz ist also jeder Betreiber einer „ortsfesten Anlage" verpflichtet, eine EMV-Dokumentation zu besitzen. Doch wer ist der Betreiber? Bei einer Fabrik kann man sich schon vorstellen, wer der Betreiber ist. Doch wer ist der Betreiber einer ortsfesten Anlage eines Wohnhauses mit vielen Mietern. Sehr schwierig ist es bei einem Einfamilienhaus, bei dem sowohl der Besitzer als auch der Betreiber ein und dieselbe Person sein kann. Da in der Regel keiner der drei beispielhaft genannten Betreiber auch gleichzeitig der Errichter ist, hat er wenige Dokumente, die eine EMV-gerechte Anlage mit ihren Betriebsmitteln nachweisen können.

Wird eine elektrische Anlage geplant, ist meistens der Fachplaner für die elektrische Anlage verantwortlich. Er plant die Leitungswege, plant das System nach Art der Erdverbindung, berücksichtigt ggf. erforderliche geschirmte Kabel und Leitungen, sieht einen Potentialausgleich vor und legt fest, welche Geräte (elektrische Betriebsmittel), die fest angeschlossen werden, verwendet werden. Betriebsmittel, die der

Nutzer selbstständig mit der elektrischen Anlage verbinden kann, können durch den Fachplaner nicht erfasst werden.

In der Neuausgabe der DIN VDE 0100-510:2014-10 wird zum Thema EMV-Dokumentation folgende Aussage gemacht:

> *Der Detaillierungsgrad der Dokumentation darf variieren von sehr einfachen Informationen bis hin zu sehr detaillierten Dokumentationen bei komplexen Anlagen mit wichtigen Aspekten der elektromagnetischen Verträglichkeit. Wenn Anlagen ausschließlich aus Geräten bestehen, die in Einklang mit dem Gesetz über die elektromagnetische Verträglichkeit von Betriebsmitteln (EMVG) stehen und die die CE-Kennzeichnung besitzen, erfüllt die verantwortliche Person die Anforderungen an die Dokumentation dadurch, dass er die Anleitungen für Montage, Betrieb und Wartung der Hersteller jedes Geräts vorlegen kann.*

Durch diese Aussage werden die Anforderungen an die EMV-Dokumentation relativiert und kann bei einfachen elektrischen Anlagen aus der Zusammenfassung der Betriebsanleitungen aller verwendeten elektrischen Betriebsmittel bestehen. Natürlich müssen die von den Herstellern in diesen Betriebsanleitungen genannten EMV-Maßnahmen in der Niederspannungsanlage berücksichtigt werden. Weiterhin wird in dieser Norm darauf hingewiesen, dass derjenige, der die Planungsunterlagen erstellt, diese auch dem Betreiber zur Verfügung stellen sollte.

> *Der Errichter der elektrischen Anlage sollte dem Betreiber die allgemein anerkannten Regeln der Technik dokumentieren, mit denen die grundlegenden Anforderungen des Gesetzes über die elektromagnetische Verträglichkeit von Betriebsmitteln (EMVG) sichergestellt werden.*

Die anerkannten Regeln der Technik sind durch die DIN VDE 0100-444 [2] für die Gebäudeinstallation definiert. Im Anwendungsbereich dieser Norm wird darauf hingewiesen, dass:

> *die Anwendung der von dieser Norm beschriebenen EMV-Maßnahmen als Teil der anerkannten Regeln der Technik gesehen werden, um elektromagnetische Verträglichkeit der ortsfesten Anlage zu erreichen.*

EMV-Betrachtung	Maßnahmen
Bewertung von Quellen elektromagnetischer Störungen	Schaltgeräte für induktive Lasten
	Elektromotoren
	Leuchtstofflampen
	Schweißmaschinen
	Umrichter
	Schaltnetzteile
	Kompensationsanlagen
	Aufzüge
	Transformatoren
	Schaltanlagen
Prüfung von Maßnahmen zur Reduzierung elektromagnetischer Störungen	Überspannungsschutzeinrichtungen
	Armierungen und Schirme mit Potentialausgleichsanlage verbinden (beidseitig)
	Induktionsschleifen vermeiden
	getrennte Verlegung der Kabel/Leitungen der Stromversorgung von den Kabel/Leitungen für die Signal- und Datenübertragung
	Kreuzungen von Kabel/Leitungen der Stromversorgung mit Kabel/Leitungen für die Signal- und Datenübertragung im rechten Winkel
	Verwendung von Kabel/Leitungen mit konzentrischen Leitern
	Verwendung von symmetrischen Mehraderkabel/-leitungen
	Verwendung von Signal- und Datenkabel/-leitungen entsprechend Herstellerangaben
	getrennte Verlegung des Blitzschutzsystems von Stromversorgungs- und Signalkabel/-leitungen
	parallele Entlastungsleiter bei zu erwartenden Fehlerströmen durch Schirme vorsehen
	Parallelerdungsleiter bei Signal- und Datenleitungen zwischen unabhängigen Gebäuden mit einem TT-System vorsehen
	Skin-Effekt bei Potentialausgleichsverbindungen beachten
Erdungssystem	vorzugsweise TN-S-System errichten
Bei Mehrfacheinspeisung	Sternpunktverbindungsleiter einmalig zentral erden
Bei umschaltbaren Stromversorgungen	vierpolig umschalten (einschließlich N-Leiter)
Fremde leitfähige Teile	in die Potentialausgleichsmaßnahmen einbeziehen

Tabelle 9.1 Checkliste der möglichen EMV-Maßnahmen entsprechend DIN VDE 0100-444

EMV-Betrachtung	Maßnahmen
Bei Signalaustausch zwischen Gebäuden mit unabhängigen Erdern	Verwendung von Glasfaserkabel
Haupterdungsschiene	Verbindung von Erdern untereinander über eine zentrale Haupterdungsschiene
Getrennte Verlegung von Stromkreisen	Abstand Tragesysteme untereinander: • keine elektromagnetische Hindernisse: 200 mm • offene Tragesysteme: 150 mm • gelochte Tragesysteme: 100 mm • geschlossene Tragesysteme: 0 mm
Verbindungen zwischen Tragesysteme	Verbindungen mit niedriger Impedanz verwenden

Tabelle 9.1 (*Fortsetzung*) Checkliste der möglichen EMV-Maßnahmen entsprechend DIN VDE 0100-444

Dies bedeutet, dass die Realisierung von notwendigen EMV-Maßnahmen für die Errichtung von Niederspannungsanlagen anhand dieser Norm mittels einer Checkliste (siehe **Tabelle 9.1**) überprüft werden kann.

Eine weitere Hilfe bei der Festlegung der EMV-Dokumentation ist der Leitfaden zur Dokumentation von ortsfesten Anlagen [28], der von der Bundesnetzagentur herausgegeben wurde. Dieser Leitfaden wendet sich an Planer, Errichter und Betreiber von ortsfesten Anlagen.

Wichtig ist, dass die Informationen über die EMV-gerechte Errichtung und die verwendeten Betriebsmittel von den Lieferanten der elektrischen Ausrüstung dem Betreiber zu übergeben sind, damit dieser auf Verlangen der Bundesnetzagentur die entsprechenden Dokumente vorlegen kann.

10 Anhang

10.1 Anhang 1 Systeme nach Art ihrer Erdverbindung und der Bezug zur EMV

Die Stromversorgung eines Gebäudes kann in unterschiedlichen Erdungssystemen erfolgen. Welches Erdungskonzept errichtet wird, ist in der Regel abhängig vom Erdungskonzept des öffentlichen Stromversorgers. Die Errichtung, insbesondere die Behandlung der Neutral- und Erdungsleiter, ist abhängig vom vorgegebenen oder gewählten Erdungskonzept.

Doch nicht jedes Erdungskonzept ist EMV-gerecht. Sind in einem Gebäude insbesondere Einrichtungen mit umfangreichen informationstechnischen Betriebsmitteln vorgesehen, muss ein System gewählt werden, bei dem keine vagabundierenden (Streuströme) auftreten können.

Tabelle 10.1 zeigt die unterschiedlichen Systeme nach Art ihrer Erdverbindungen.

System nach Art der Erdverbindung	Stromlaufplan	Anmerkungen zur EMV
TN-C-System Der geerdete Sternpunkt wird vom öffentlichen Stromversorger als PEN-Leiter verteilt. Erst am Verbraucher wird der PEN-Leiter in einem N- und PE-Leiter getrennt.		Aus EMV-Sicht ungeeignet, da durch die mehrfache Erdung des PEN-Leiters vagabundierende Ströme über die Erde oder Konstruktionsteile des Gebäudes zum Sternpunkt zurückfließen können.

Tabelle 10.1 EMV und die Systeme nach Art ihrer Erdverbindungen

System nach Art der Erdverbindung	Stromlaufplan	Anmerkungen zur EMV
TN-C-S-System Die Versorgung eines Gebäudes erfolgt als TN-C-System. Der PEN-Leiter wird erst im Gebäude in einem N- und PE-Leiter getrennt errichtet. Es können sowohl Verbraucher im TN-C-Bereich als auch im TN-C-S-Bereich angeschlossen werden.	*(Schaltplan: HS-(MS-)Netz Transformatorstation, HS-Seite, NS-Seite, NS-Netz, Verbraucheranlage, PEN, L1 L2 L3 N PE, optional, elektrisches Betriebsmittel)*	Erst ab der Auftrennung des PEN-Leiters in einen isoliert verlegten N-Leiters und einem PE-Leiters, der mehrmals geerdet werden darf, ist ein solches Erdungskonzept EMV-gerecht.
TN-S-System Dieses aufwendige Versorgungskonzept (Fünfleiterkabel erforderlich) wird in der Regel vom öffentlichen Stromversorger nicht errichtet, da die Erdung in der Transformatorstation auch die Erdungsqualität in der Verbraucheranlage sicherstellen muss.	*(Schaltplan: HS-(MS-)Netz Transformatorstation, HS-Seite, NS-Seite, NS-Netz, Verbraucheranlage, L1 L2 L3 N PE, optional, elektrisches Betriebsmittel)*	Durch den isolierten N-Leiter von der Stromquelle bis zum Verbraucher gibt es immer magnetisch verkettete Zuleitungen, die kein äußeres Wechselfeld als Störer um seine Zuleitung erzeugen können.
TT-System Dieses System erlaubt eine kostengünstige Versorgung eines Gebäudes (Dreileiterkabel) bei Drehstromverbrauchern. Die Abschaltzeiten sind kürzer als beim TN-C-S-System, da die Berührungsspannung im Fehlerfall doppelt so hoch ist.	*(Schaltplan: HS-(MS-)Netz Transformatorstation, HS-Seite, NS-Seite, NS-Netz, Verbraucheranlage, L1 L2 L3 N PE, optional, elektrisches Betriebsmittel)*	Im Gebäude EMV-freundlich. Werden jedoch zwischen zwei Gebäuden mit entkoppelten Erdern geschirmte Leitungen, z. B. für den Signalaustausch, auf beiden Seiten geerdet, müssen Schirmentlastungsleiter parallel zum Schirm verlegt werden.

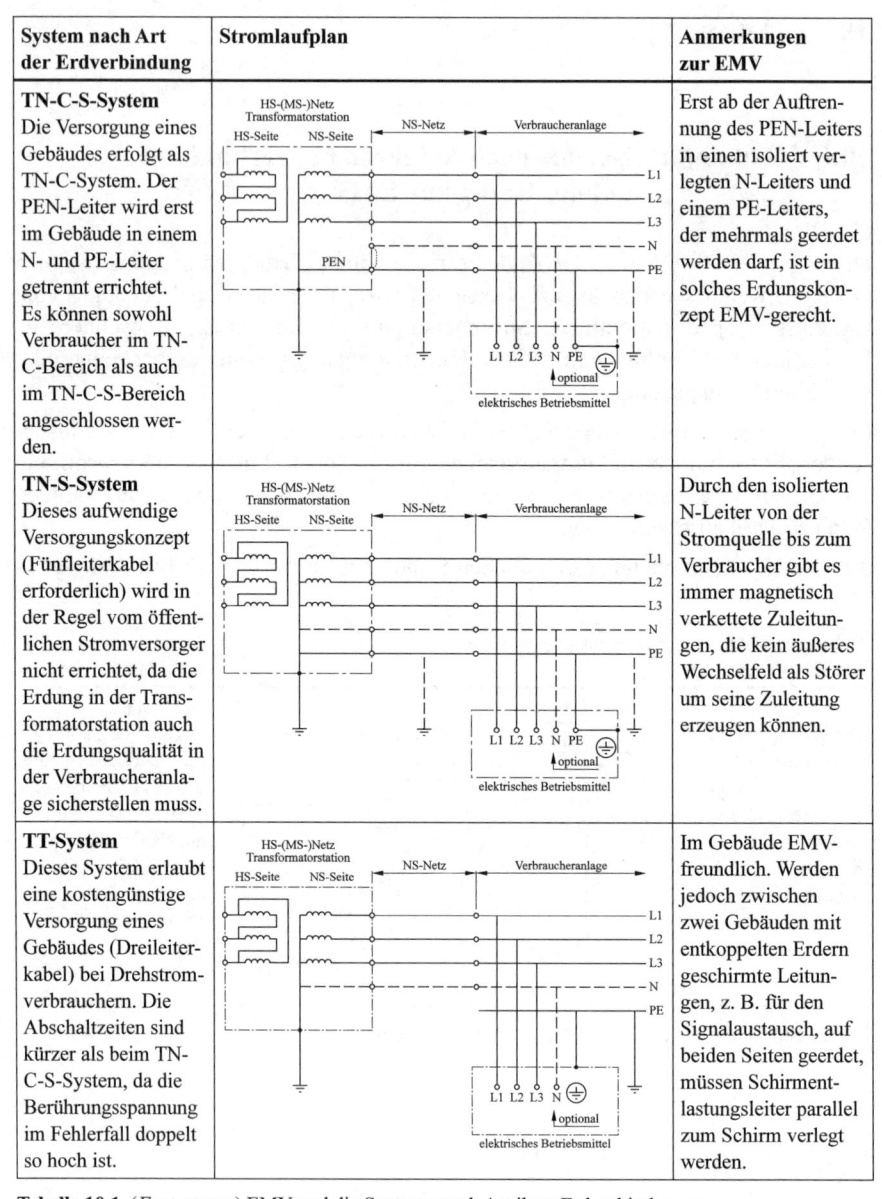

Tabelle 10.1 (*Fortsetzung*) EMV und die Systeme nach Art ihrer Erdverbindungen

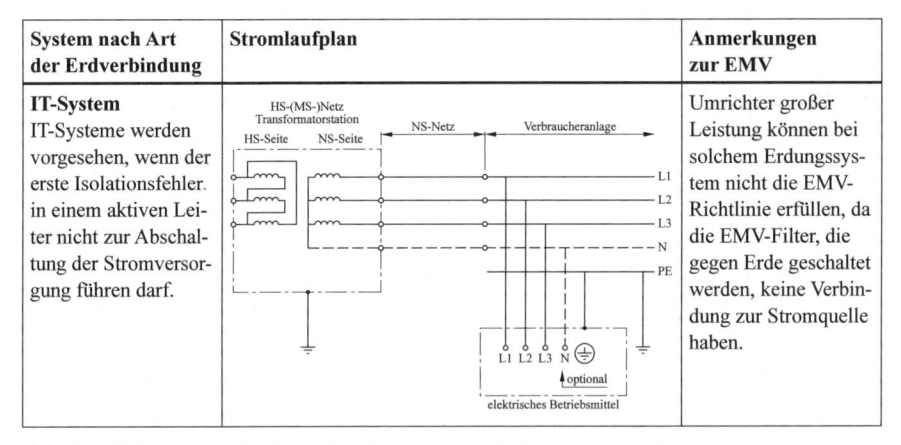

System nach Art der Erdverbindung	Stromlaufplan	Anmerkungen zur EMV
IT-System IT-Systeme werden vorgesehen, wenn der erste Isolationsfehler in einem aktiven Leiter nicht zur Abschaltung der Stromversorgung führen darf.	HS-(MS-)Netz Transformatorstation / HS-Seite / NS-Seite — NS-Netz — Verbraucheranlage — L1, L2, L3, N, PE — L1 L2 L3 N ⏚ optional — elektrisches Betriebsmittel	Umrichter großer Leistung können bei solchem Erdungssystem nicht die EMV-Richtlinie erfüllen, da die EMV-Filter, die gegen Erde geschaltet werden, keine Verbindung zur Stromquelle haben.

Tabelle 10.1 (*Fortsetzung*) EMV und die Systeme nach Art ihrer Erdverbindungen

Die einzelnen Buchstaben mit denen das System nach Art der Erdverbindungen gekennzeichnet wird, wurden aufgrund der Erdungen und der Verwendung des Neutralleiters entwickelt, siehe **Tabelle 10.2**.

1. Buchstabe		
T	Verbindung des Sternpunkts der Stromversorgung (Sekundärseite des Transformators) mit Erde	Terra (Erde)
I	keine oder hochohmige Verbindung des Sternpunkts der Stromversorgung (Sekundärseite des Transformators) mit Erde	Isolated (isoliert)
2. Buchstabe		
T	unabhängig von der Stromversorgung geerdete Körper (Gehäuse) der Betriebsmittel in der Verbraucheranlage	Terra (Erde)
N	von der Stromversorgung zur Verbraucheranlage verlegter PEN- oder N-Leiter	**Neutralleiter oder PEN-Leiter**
Zusätzliche Buchstaben		
C	Leiter, bei dem der Schutzleiter und der Neutralleiter zum PEN-Leiter zusammengefasst ist	Common (gemeinsam)
S	getrennt verlegter Neutral- und Schutzleiter	Separated (getrennt)

Tabelle 10.2 Bedeutung der Kurzzeichen

10.2 Anhang 2 Fundamenterder entsprechend DIN 18014 [34]

Die Ausgabe von 2014 für die Anforderungen an Fundamenterder wurde auch im Hinblick auf die Belange der EMV erweitert. Gerade der Funktionspotentialausgleich über den Fundamenterder bedarf höherer Anforderungen an die Verlegung und die Verbindungen des Fundamenterders.

Zur Prüfung, dass der Fundamenterder normengerecht errichtet wurde, muss vor dem Betonieren die Ausführung durch eine Elektrofachkraft oder eine Blitzschutzfachkraft überprüft werden. Dazu muss eine Durchgangsmessung durchgeführt werden, und es ist eine Dokumentation darüber zu erstellen.

Die Dokumentation muss dabei folgende Information enthalten, siehe **Bild 10.1**:

Ausführungspläne des Fundamenterders einschließlich Funktionspotentialausgleichsleiter,

Fotografien der Gesamterdungsanlage,

zuordnungsbare Detailaufnahmen von Verbindungsstellen,

Ergebnisse der Durchgangsmessung.

Funktionspotentialausgleichleiter müssen im Abstand von ≤ 2 m mit der Bewehrung verbunden werden.

Wichtig bei allen Verbindungen für einen Funktionspotentialausgleich ist die niederimpedante Ausführung, bei der der Skin-Effekt berücksichtigt wird. Bei Verwendung von katalogmäßigen Verbindungselementen kann davon ausgegangen werden, dass die Verbindungen dann auch für den Funktionspotentialausgleich geeignet sind.

Bericht-Nr.:	Datum der Prüfung:		Name des Erstellers:	
Angaben zum Gebäude	Straße:			
	PLZ, Ort:			
	Nutzung:			
	Bauart:			
	Art des Fundaments:			
Angaben zum Planer	Name:			
	Straße:			
	PLZ, Ort:			
Angaben zum Errichter	☐ Elektrofachkraft	☐ Blitzschutzfachkraft		☐ Bauunternehmen unter Aufsicht einer Elektro-/ Blitzschutzfachkraft
	Firma, Name:			
	Straße:			
	PLZ, Ort:			
Zweck	☐ Schutzerdung für elektrische Sicherheit			
	☐ Funktionserdung für			
Angaben zur Ausführung	☐ Fundamenterder ☐ Ringerder	☐ Stahl blank ☐ nicht rostender Stahl ☐ Kupfer		☐ Stahl verzinkt
	☐ Rundmaterial	☐ Bandmaterial		☐
	Anschlussteile innen	☐ Stahl verzinkt mit Kunststoffummantelung ☐ nicht rostender Stahl, ☐ Anschlussplatte (Erdungsfestpunkt) ☐ Kupferseil ☐ Kupferkabel NYY		
	Anschlussteile außen	☐ Stahl verzinkt mit Kunststoffummantelung ☐ nicht rostender Stahl, Werkstoff-Nr.: ☐ Anschlussplatte (Erdungsfestpunkt) ☐ Kupferseil		

Bild 10.1 Formblatt für die Dokumentation des Fundamenterders [34]

10.3 Anhang 3 Ableitströme

EMV-Maßnahmen, wie der Einsatz von EMV-Filter, erzeugen im Schutzleiter betriebsmäßig Ableitströme. Werden mehrere elektrische Betriebsmittel mit EMV-Filter in einem Stromkreis einer Anlage verwendet, der zusätzlich durch eine Fehlerstromschutzeinrichtung (RCD) geschützt wird, kann die Verfügbarkeit der Stromversorgung durch Auslösung der Fehlerstromschutzeinrichtung gestört werden, obwohl kein Fehler vorliegt.

Zur Reduzierung einer zufälligen Auslösung der Fehlerstromschutzeinrichtung enthält DIN VDE 0140-1 [32] deshalb maximal zulässige Ableitströme in Abhängigkeit des Bemessungsstroms des Betriebsmittels. Dabei sind die Werte der Ableitströme abhängig von der Art des Anschlusses des elektrischen Betriebsmittels an die Anlage. Bei steckbaren Betriebsmitteln sind z. B. die max. zulässigen Ableitströme niedriger als bei festangeschlossenen Betriebsmitteln, siehe **Tabelle 10.3** und **Tabelle 10.4**. Zukünftig werden andere Maximalwerte ohne Unterscheidung, ob das Betriebsmittel steckbar oder dauerhaft angeschlossen ist, zugelassen sein, siehe **Tabelle 10.5**. Die Überschreitung dieser Maximalwerte ist nur beim Einsatz von Zusatzmaßnahmen zulässig, jedoch darf auch dann der max. Ableitstrom in keinem Fall 5 % des Bemessungsstroms überschreiten.

Bemessungsstrom des Betriebsmittels	Maximaler betriebsmäßiger Ableitstrom DIN EN 61140 (VDE 0140-1):2007-03
≤ 4 A	2 mA
4 A bis 10 A	0,5 mA je 1 A
> 10 A	5 mA

Tabelle 10.3 Maximale Ableitströme von steckbaren Betriebsmitteln in Abhängigkeit des Bemessungsstroms

Bemessungsstrom des Betriebsmittels	Maximal betriebsmäßiger Ableitstrom DIN EN 61140 (VDE 0140-1):2007-03
≤ 7 A	3,5 mA
7 A bis 20 A	0,5 mA je 1 A
> 20 A	10 mA

Tabelle 10.4 Maximale Ableitströme von dauerhaft angeschlossenen Betriebsmitteln in Abhängigkeit des Bemessungsstroms

Bemessungsstrom des Betriebsmittels	Maximal betriebsmäßiger Ableitstrom in der zukünftigen DIN EN 61140 (VDE 0140-1): ca. 2017
≤ 2 A	1 mA
2 A bis 20 A	0,5 mA je 1 A
> 20 A	10 mA

Tabelle 10.5 Zukünftige max. Ableitströme in Abhängigkeit des Bemessungsstroms

Werden die Ableitströme zu groß, können durch bestimmte Konfigurationen von EMV-Filtern niedrigere betriebsmäßige Ableitströme erreicht werden, siehe Band 9 der VDE-Schriftenreihe [33].

Werden Umrichter in einer Anlage errichtet, entstehen zusätzlich zu den Ableitströmen von EMV-Filtern – auch aufgrund der natürlichen Kapazitäten von geschirmten Leitungen und der Motoren – wegen hoher Oberschwingungen weitere kapazitive Ableitströme, siehe **Bild 10.2**.

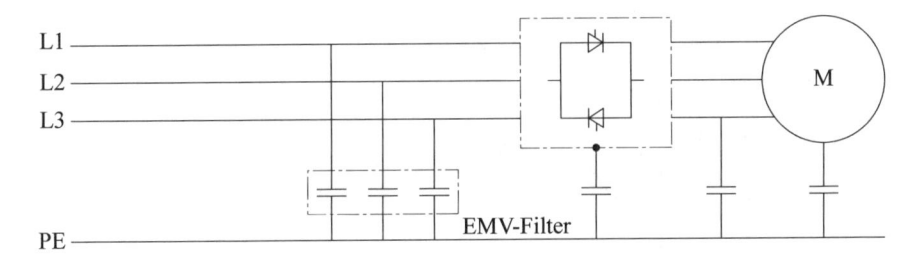

Bild 10.2 Kapazitive Ableitströme in einer Anlage

Ableitströme sind vagabundierende Ströme, auch Streuströme genannt, da sie nicht nur über den Schutzleiter der Betriebsmittel zur Stromquelle zurückfließen, sondern auch über die mechanische Verbindungen von Betriebsmitteln der Schutzklasse I und damit über Konstruktionsteile oder andere leitende Verbindungen.

Solche vagabundierenden Ströme erzeugen um ihre leitende Verbindung ein Wechselfeld wie bei einem Einleiterkabel und werden dadurch aus EMV-Sicht zu einem Störer.

Treten in einer Anlage hohe Ableitströme im Schutzleiter auf, kann die Unterbrechung des Schutzleiters ggf. zu einer gefährlichen Berührungsspannung führen. Aus diesem Grund werden in DIN EN 61140 (**VDE 0140-1**) und DIN VDE 0100-540 besondere Maßnahmen für solche betriebsmäßig „belasteten" Schutzleiter gefordert.

10.4 Anhang 4 Oberschwingungen und die Belastung des Neutralleiters

Wenn beim Betrieb von überwiegend einphasigen Umrichtern in Drehstromnetzen Betriebsströme, insbesondere mit Oberschwingungen der dritten Ordnung (f_3 = 150 Hz), auftreten, tritt eine erhöhte Strombelastung des N-Leiters auf. Durch die 120°-Phasenverschiebung gegenüber der Grundschwingung heben sich die Oberschwingungsströme der dritten Ordnung nicht wie die der Grundschwingung im Drehstromsystem gegenseitig auf, sondern addieren sich im Neutralleiter (**Bild 10.3**). Dies kann zur Überlastung des N-Leiters kommen. Kritisch kann es werden, wenn der Neutralleiter in Verteilerstromkreisen gegenüber den aktiven Leitern noch verkleinert wird.

Diese Neutralleiterströme können Ausgleichsströme verursachen, die wiederum die EMV beeinflussen.

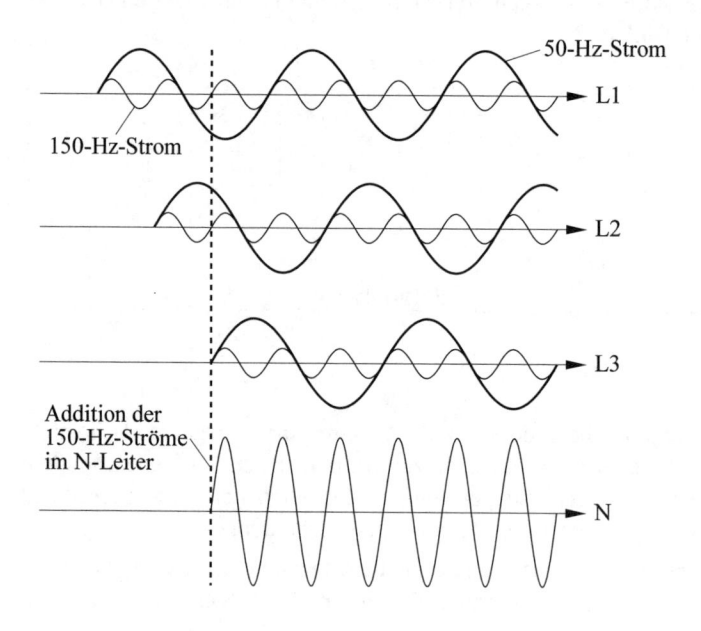

Bild 10.3 N-Leiterströme durch Oberschwingungsströme

10.5 Anhang 5 Maßnahmen für Einrichtungen der Informationstechnik

DEUTSCHE NORM	Mai 2011
DIN EN 50310 (VDE 0800-2-310)	**DIN**
Diese Norm ist zugleich eine **VDE-Bestimmung** im Sinne von VDE 0022. Sie ist nach Durchführung des vom VDE-Präsidium beschlossenen Genehmigungsverfahrens unter der oben angeführten Nummer in das VDE-Vorschriftenwerk aufgenommen und in der „etz Elektrotechnik + Automation" bekannt gegeben worden.	**VDE**

Vervielfältigung – auch für innerbetriebliche Zwecke – nicht gestattet.

ICS 29.120.50; 91.140.50

Ersatz für
DIN EN 50310
(VDE 0800-2-310):2006-10
Siehe Anwendungsbeginn

Anwendung von Maßnahmen für Erdung und Potentialausgleich in Gebäuden mit Einrichtungen der Informationstechnik; Deutsche Fassung EN 50310:2010

Für die Errichtung von Erdungsanlagen und Schutzleitern (einschließlich Anforderungen für den Schutzpotentialausgleich) zum Schutz gegen elektrischen Schlag in Niederspannungsanlagen enthält DIN VDE 0100-540 [31] entsprechende Anforderungen. Zusätzlich dazu wurde aus Sicht der Informationstechnik eine weitere Norm, die DIN EN 50310 (**VDE 0800-2-310**) [3], mit Anforderungen für die Erdung und den Potentialausgleich für Einrichtungen der Informationstechnik herausgegeben. Teilweise enthalten beide Normen gleiche oder ähnliche Anforderungen.

Da Erdungs- und Schutzpotentialausgleichsanlagen für den Schutz gegen elektrischen Schlag und Erdungs- und Potentialausgleichsanlagen für die Einrichtungen der Informationstechnik nicht parallel nebeneinander errichtet werden können, müssen solche Verbindungen häufig dann die Anforderungen aus beiden Normen gleichzeitig erfüllen.

Gerade im Bereich des Potentialausgleichs werden Begriffe und Abkürzungen in der DIN EN 50310 (**VDE 0800-2-310**) verwendet, die beim Schutzpotentialausgleich so nicht verwendet werden und dem Elektroinstallateur nicht geläufig sind, siehe **Tabelle 10.6**.

Deutsche Begriffe	Abkürzung	Englische Begriffe
Potentialausgleichsanlage	BN	bonding network
Potentialausgleichsringleiter	BRC	bonding ring connductor
gemeinsame Potentialausgleichsanlage	CBN	common bonding network
getrennte Potentialausgleichsanlage	IBN	isolated bonding network
vermaschte Potentialausgleichsanlage	MESH-BN	meshed bonding network
vermaschte isolierte Potentialausgleichsanlage	MESH-IBN	meshed isolated bonding network

Tabelle 10.6 Begriffe zum Potentialausgleich aus der DIN EN 50310 (**VDE 0800-2-310**)

DIN EN 50310 (**VDE 0800-2-310**) enthält zu folgenden Themen Anforderungen:

- Haupterdungsschiene (MET),
- Erdernetze,
- Potentialausgleichsanlagen,
- Potentialausgleich,
- Gleichstromverteileranlagen,
- Stromverteileranlagen.

10.6 Anhang 6 Anforderungen an die Installationsplanung und Installationspraktiken für die Kommunikationsverkabelung

Zu den Anforderungen an die Planung und Errichtung von informationstechnischen Verkabelungen, die auch für die Verkabelung für Signal- und Messtechnik in Niederspannungsanlagen gleichermaßen wichtig sind, empfiehlt sich die Normenreihe der DIN EN 50174 (**VDE 0800-174**). Die Normenreihe besteht aus folgenden drei Teilen:

- Teil 1: Installationsspezifikation und Qualitätssicherung [29],
- Teil 2: Installationsplanung und Installationspraktiken in Gebäuden [25],
- Teil 3: Installationsplanung und Installationspraktiken im Freien [30].

Für eine EMV-gerechte Installation in Gebäuden ist die Berücksichtigung von Anforderungen des Teils 2 sehr zu empfehlen. Diese Norm enthält Anforderungen zu folgenden Themen:

- Planung einschließlich Dokumentation,
- Anforderungen an die Installation einschließlich Dokumentation,
- Trennung zwischen informationstechnischen Kabeln von Kabeln der Stromversorgungen,
- Stromverteilungsanlagen und Blitzschutz,
- Bürogebäude (Geschäftsgebäude),
- Industriegebäude.

Der Anhang A vom Teil 2 enthält zusätzlich Informationen über Koppelmechanismen und Gegenmaßnahmen, die teilweise auch für Niederspannungsanlagen gelten und dem Planer eine wertvolle Hilfe sein können.

10.7 Anhang 7 Verzeichnis von Abkürzungen und Kurzzeichen

- Abkürzungen, die in den Normen und Erläuterungen häufig angewendet werden.
- Abkürzungen, die in der nationalen und internationalen Bearbeitung elektrischer Anlagen häufig anzutreffen sind.

A	Änderung (z. B. im Titelfeld einer Norm); engl.: amendment
AC oder a. c.	engl.: alternating current; Abkürzung für Wechselstrom
AG	Arbeitsgruppe
AK	Arbeitskreis der DKE
ANSI	American National Standard Institute, New York/USA: www.ansi.org
BITKOM	Bundesverband Informationswirtschaft, Telekommunikation und neue Medien e. V., Berlin: www.bitkom.org
BNetzA	Bundesnetzagentur für Elektrizität, Gas, Telekommunikation, Post und Eisenbahnen (vormals RegTP), Bonn: www.bundesnetzagentur.de
BS	British Standard (Britische Norm)
BSI	British Standards Institution, London/Vereinigtes Königreich: www.bsi-global.com
BT	technisches Büro von CEN und CENELEC, Brüssel/Belgien
CBN	Common Bonding Network (GPA – gemeinsamer Potentialausgleich)
CD	Committee Draft, Entwurf bei der IEC
CDV	Committee Draft for Voting, Entwurf zur Abstimmung bei der IEC
CE	Communautés Européennes – auch: CE-Kennzeichnung
CEI	französische Abkürzung für IEC
CEM	Compatibilité électromagnétique
CEN	europäisches Komitee für Normung, Brüssel/Belgien: www.cen.eu
CENELEC	europäisches Komitee für elektrotechnische Normung (auch CLC üblich), Brüssel/Belgien: www.cenelec.eu
CISPR	internationales Sonderkomitee für Funkstörungen (IEC), Genf/Schweiz: www.iec.ch/emc/iec_emc/iec_emc_players_cispr.htm
CLC	siehe CENELEC
CO	Central Office der IEC, Zentralbüro der IEC, Genf/Schweiz

d, D	deutsch, Deutschland
DC oder d. c.	engl.: direct current; Abkürzung für Gleichstrom
DE	Ländercode für Deutschland bei IEC und CENELEC
DIN	Deutsches Institut für Normung e. V., Berlin: www.din.de
DK	Deutsches Komitee
DKE	Deutsche Kommission Elektrotechnik Elektronik Informationstechnik im DIN und VDE, Frankfurt am Main: www.dke.de
e	englisch
E	häufig für Erder oder Erde, auch für Entwurf
EDV	elektronische Datenverarbeitung
EFTA	europäische Freihandelszone
EG	Europäische Gemeinschaft (bis zum Jahr 1992); engl.: EC, franz.: CE
Electrosuisse	„Electrosuisse, SEV Verband für Elektro-, Energie- und Informationstechnik", Schweizer Fachorganisation für Elektro-, Energie- und Informationstechnik. Fehraltorf/Schweiz: www.electrosuisse.ch
ELV	extra-low voltage (Kleinspannung; s. a. SELV, PELV und FELV)
EMI	electromagnetic influences, auch interferences (elektromagnetische Störungen)
EMV	elektromagnetische Verträglichkeit; engl.: EMC, f: CEM
EMVG	Gesetz über die elektromagnetische Verträglichkeit von Betriebsmitteln
en	häufig für Englisch
EN	europäische Norm (CENELEC)
ENV	europäische Vornorm; engl.: european prestandard
ES	european specifications (CENELEC)
ETS	europäische Telekommunikationsnorm
ETSI	European Telecommunications Standards Institute (Europäisches Institut für Telekommunikationsnormen), Sophia Antipolis/Frankreich: www.etsi.org
EU	Europäische Union (seit dem Jahr 1992)
EVU	Elektrizitätsversorgungsunternehmen, auch Energieversorgungsunternehmen
f	französisch

FELV	functional extra-low voltage (Schutz durch Funktionskleinspannung)
FI	FI-Schutzschalter, Fehlerstromschutzschalter (s. a. RCD)
FR	Ländercode für Frankreich bei IEC und CENELEC
GB	Ländercode für Großbritannien (Vereinigtes Königreich) bei IEC und CENELEC
GPA	gemeinsamer Potentialausgleich; engl.: common bonding network
HD	Harmonisierungsdokument von CENELEC
HPA	Hauptpotentialausgleich
IEC	International Electrotechnical Commission (Internationale Elektrotechnische Kommission, franz.: CEI), Genf/Schweiz: www.iec.ch
IEC 60364	IEC-Publikation 60364 (früher IEC 364); englischsprachige Normenreihe mit dem Titel: „Low-voltage electrical installations" Elektrische Anlagen von Gebäuden (seit dem Jahr 1969). In Deutschland: Normenreihe DIN VDE 0100
IET	Institution of Engineering and Technology, London/Vereinigtes Königreich: www.theiet.org
IEEE	Institute of Electrical and Electronics Engineers, New York/USA: www.ieee.org
IEV	International Electrotechnical Vocabulary der IEC (franz.: VEI). Deutsche Online-Ausgabe unter www.dke.de/dke-iev
IP	(internationale) Schutzarten für Gehäuse, nach DIN VDE 0470 bzw. IEC 60529
ISDN	Integrated Services Digital Network
ISO	International Organization for Standardization (Internationale Organisation für Normung, franz.: OIN), Genf/Schweiz: www.iso.org
ISP	Internet Service Provider
IT	Informationstechnik
ITE	Information Technology Equipment (informationstechnisches Gerät oder Betriebsmittel)
IT-System	Beschreibung eines Stromversorgungssystems mit erhöhter Ausfallsicherheit hinsichtlich Erdschlussfehlern
ITU	International Telecommunication Union (Internationale Fernmeldeunion), Genf/Schweiz: www.itu.int
ITU-T	ITU Telecommunication Standardization

K	Komitee der DKE
LPS	Lightning Protection System
LWL	Lichtwellenleiter
MSR	Messen, Steuern, Regeln
NEC	National Electrical Code (USA)
NEN	Nederlands Norm
NF	Norm Française
PA	Potentialausgleich
PE	Schutzleiter
PELV	protective extra-low voltage (Funktionskleinspannung mit elektrisch sicherer Trennung)
PEN	PEN-Leiter (früher: Nullleiter)
prEN	Entwurf – EN (EN-Entwurf)
prHD	Entwurf – HD (HD-Entwurf)
RCD	Residual current protective device; neue Abkürzung für Fehlerstromschutzeinrichtung
RCM	Residual current monitoring (device)
RD	Referenzdokument
SC	Subcommittee (Unterkomitee bei IEC, ISO und CENELEC)
Sec	Sekretariat (eines Komitees oder Unterkomitees der IEC)
SELV	safety extra-low voltage (Sicherheitskleinspannung in einem nicht geerdeten System)
SEV	siehe Electrosuisse
SI	Système International des Unités (Internationales Maßeinheitensystem)
SRPP	Systembezugspotentialebenen nach DIN EN 50310 (**VDE 0800-2-310**) sind eine Vermaschung des HPA und verschiedener ZPA; engl.: system reference potential plane
TC	Technical Committee (Technisches Komitee bei IEC, ISO und CENELEC)
TC 64 (CENELEC)	Elektrische Anlagen von Gebäuden
TC 64 (IEC)	– ab dem Jahr 1969: Elektrische Anlagen von Gebäuden – seit dem Jahr 2000: Elektrische Anlagen und Schutz gegen elektrischen Schlag

TN-System	Systeme hinsichtlich der Erdverbindungen
TR	technischer Bericht der CENELEC (engl.: Technical Report)
TT-System	Systeme hinsichtlich der Erdverbindungen
UK	Unterkomitee der DKE
USV	unterbrechungsfreie Stromversorgung
UTE	Union Technique de l'Électricité (französisches Institut zur Ausgabe elektrotechnischer Normen), Puteaux/Frankreich: www.ute-fr.com
VDE	Verband der Elektrotechnik Elektronik Informationstechnik e. V., Frankfurt am Main: www.vde.com
WG	Working Group (Arbeitsgruppe)
ZPA	zusätzlicher Potentialausgleich

Literatur

[1] **EMV-Richtlinie.** Richtlinie 2014/30/EU des Europäischen Parlaments und des Rates vom 26. Februar 2014 zur Harmonisierung der Rechtsvorschriften der Mitgliedstaaten über die elektromagnetische Verträglichkeit. Amtsblatt der Europäischen Union 57 (2014) Nr. L 96 vom 29.03.2014, S. 79–106. – ISSN 1725-2539 (bisherige Umsetzung in deutsches Recht siehe [4])

[2] DIN VDE 0100-444 (**VDE 0100-444**):2010-10 Errichten von Niederspannungsanlagen – Teil 4-444: Schutzmaßnahmen – Schutz bei Störspannungen und elektromagnetischen Störgrößen. Berlin · Offenbach: VDE VERLAG

[3] DIN EN 50310 (**VDE 0800-2-310**):2011-05 Anwendung von Maßnahmen für Erdung und Potentialausgleich in Gebäuden mit Einrichtungen der Informationstechnik. Berlin · Offenbach: VDE VERLAG

[4] **EMV-Gesetz (EMVG).** Gesetz über die elektromagnetische Verträglichkeit von Geräten vom 18. September 1998. BGBl. I 50 (1998) Nr. 64 vom 29.9.1998, S. 2882–2892 – Neufassung als Gesetz über die elektromagnetische Verträglichkeit von Betriebsmitteln vom 26. Februar 2008. BGBl. I 60 (2008) Nr. 6, S. 220–232. – ISSN 0341-1095

[5] **Niederspannungsrichtlinie.** Richtlinie 2006/95/EG des Europäischen Parlaments und des Rates vom 12. Dezember 2006 zur Angleichung der Rechtsvorschriften der Mitgliedstaaten betreffend elektrische Betriebsmittel zur Verwendung innerhalb bestimmter Spannungsgrenzen. Amtsblatt der Europäischen Union 49 (2006) Nr. L 374 vom 27.12.2006, S. 10–19. – ISSN 1725-2539 (Umsetzung in deutsches Recht siehe [6])

[6] **Erste Verordnung zum Produktsicherheitsgesetz (1. ProdSV).** Verordnung über die Bereitstellung elektrischer Betriebsmittel zur Verwendung innerhalb bestimmter Spannungsgrenzen auf dem Markt vom 11. Juni 1979. BGBl. I 31 (1979) Nr. 27 vom 13.6.1979, S. 629–630. – ISSN 0341-1095

[7] **Maschinenrichtlinie.** Richtlinie 2006/42/EG des Europäischen Parlaments und des Rates vom 17. Mai 2006 über Maschinen und zur Änderung der Richtlinie 95/16/EG. Amtsblatt der Europäischen Union 49 (2006) Nr. L 157 vom 9.6.2006, S. 24–86. – ISSN 1725-2539 (Umsetzung in deutsches Recht siehe [8])

[8] **Maschinenverordnung (9. ProdSV).** Neunte Verordnung zum Produktsicherheitsgesetz vom 12. Mai 1993. BGBl. I 45 (1993) Nr. 22 vom 19.5.1993, S. 704–707. – ISSN 0341-1095

[9] DIN VDE 0100-510 (**VDE 0100-510**):2014-10 Errichten von Niederspannungsanlagen – Teil 5-51: Auswahl und Errichtung elektrischer Betriebsmittel – Allgemeine Bestimmungen, Begriffe. Berlin · Offenbach: VDE VERLAG

[10] DIN EN 61000-6-1 (**VDE 0839-6-1**):2007-10 Elektromagnetische Verträglichkeit (EMV) – Teil 6-1: Fachgrundnormen – Störfestigkeit für Wohnbereich, Geschäfts- und Gewerbebereiche sowie Kleinbetriebe. Berlin · Offenbach: VDE VERLAG

[11] DIN EN 61000-6-3 (**DIN VDE 0839-6-3**):2011-09 Elektromagnetische Verträglichkeit (EMV) – Teil 6-3: Fachgrundnormen – Störaussendung für Wohnbereich, Geschäfts- und Gewerbebereiche sowie Kleinbetriebe. Berlin · Offenbach: VDE VERLAG

[12] DIN EN 61000-6-2 (**VDE 0839-6-2**):2006-03 Elektromagnetische Verträglichkeit (EMV) – Teil 6-2: Fachgrundnormen – Störfestigkeit für Industriebereiche. Berlin · Offenbach: VDE VERLAG

[13] DIN EN 61000-6-4 (**VDE 0839-6-4**):2011-09 Elektromagnetische Verträglichkeit (EMV) – Teil 6-4: Fachgrundnormen – Störaussendung für Industriebereiche. Berlin · Offenbach: VDE VERLAG

[14] *Schäfer, H.* (Hrsg.): Praxis der elektrischen Antriebe für Hybrid- und Elektrofahrzeuge. S. 267 Wicklungsaufbau. Reihe Haus der Technik Fachbuch Band 102. Renningen: Expert, 2009. – ISBN 978-3-8169-2900-0

[15] DIN VDE 0100-100 (**VDE 0100-100**):2009-06 Errichten von Niederspannungsanlagen – Teil 1: Allgemeine Grundsätze, Bestimmungen allgemeiner Merkmale, Begriffe. Berlin · Offenbach: VDE VERLAG

[16] DIN VDE 0100-460 (**VDE 0100-460**):2002-08 Errichten von Niederspannungsanlagen – Teil 4: Schutzmaßnahmen – Kapitel 46: Trennen und Schalten. Berlin · Offenbach: VDE VERLAG

[17] BBS-Bügelschelle, mit Hammerkopffuß und Drei-Einleiter-Anschluss 2056/E und 2056U/E. Obo-Bettermann GmbH & Co. KG, Menden: www.obo-bettermann.de

[18] Induktionsfreies und strahlungsarmes Installationskabel. Brugg Kabel AG, Brugg/Schweiz: www.bruggcables.com

[19] Bauvorschrift I-1-3 – Schiffstechnik 1 – Teil 1: Seeschiffe; Kapitel 3: Elektrische Anlagen – Abschnitt 12D Kabelnetze. Hamburg: Germanischer Lloyd, 2011

[20] Obo-Bettermann GmbH & Co. KG, Menden: www.obo-bettermann.de

[21] Siemens AG, Industry Sector, Industry Solutions Division, Erlangen: www.industry.siemens.com/industrysolutions/global/de

[22] Schmolke, H.: Potentialausgleich, Fundamenterder, Korrosionsgefährdung. VDE-Schriftenreihe Band 35. Berlin · Offenbach: VDE VERLAG, 2009. – ISBN 978-3-8007-3139-8, ISSN 0506-6719

[23] IEC/TR 61000-5-2:1997-11 Electromagnetic compability (EMC) – Part 5: Installation and mitigation guidelines – Section 2: Earthing and cabling. Genf/ Schweiz: Bureau Central de la Commission Electrotechnique Internationale. – ISBN 2-8318-4125-9

[24] Schmolke, H.: EMV-gerechte Errichtung von Niederspannungsanlagen. VDE-Schriftenreihe Band 126. Berlin · Offenbach: VDE VERLAG, 2008. – ISBN 978-3-8007-2973-9, ISSN 0506-6719

[25] DIN EN 50174-2 (**VDE 0800-174-2**):2015-02 Informationstechnik – Installation von Kommunikationsverkabelung – Teil 2: Installationsplanung und Installationspraktiken in Gebäuden. Berlin · Offenbach: VDE VERLAG

[26] DIN EN 61918 (**VDE 0800-500**):2014-10 Industrielle Kommunikationsnetze – Installation von Kommunikationsnetzen in Industrieanlagen. Berlin · Offenbach: VDE VERLAG

[27] Jacob GmbH, Kernen: www.jacob-gmbh.de

[28] Leitfaden zur Dokumentation von ortsfesten Anlagen entsprechend dem Gesetz über die elektromagnetische Verträglichkeit von Betriebsmitteln (EMVG). Bonn: Bundesnetzagentur, 2010

[29] DIN EN 50174-1 (**VDE 0800-174-1**):2015-02 Informationstechnik – Installation von Kommunikationsverkabelung – Teil 1: Installationsspezifikation und Qualitätssicherung. Berlin · Offenbach: VDE VERLAG

[30] DIN EN 50174-3 (**VDE 0800-174-3**):2014-05 Informationstechnik – Installation von Kommunikationsverkabelung – Teil 3: Installationsplanung und -praktiken im Freien. Berlin · Offenbach: VDE VERLAG

[31] DIN VDE 0100-540 (**VDE 0100-540**):2012-06 Errichten von Niederspannungsanlagen – Teil 5-54: Auswahl und Errichtung elektrischer Betriebsmittel – Erdungsanlagen und Schutzleiter. Berlin · Offenbach: VDE VERLAG

[32] DIN EN 61140 (**VDE 0140-1**):2007-03 Schutz gegen elektrischen Schlag – Gemeinsame Anforderungen für Anlagen und Betriebsmittel. Berlin · Offenbach: VDE VERLAG

[33] *Luber, G.; Pelta, R.; Rudnik, S.:* Schutzmaßnahmen gegen elektrischen Schlag. VDE-Schriftenreihe 9. Berlin · Offenbach: VDE VERLAG, 2013. – ISBN 978-3-8007-3488-7, ISSN 0506-6719

[34] DIN 18014:2014-03 Fundamenterder – Planung, Ausführung und Dokumentation. Berlin: Beuth

[35] icotek GmbH, Eschach: www.icotek.com

Stichwortverzeichnis

A
Ableitstrom 70
Abstand 57
Ausgleichsströme 65

B
Betriebsanleitung 30
Bezugspotential 53
Biegeradius 64
Brandschottung 61
Brandschutz 18
Bypass 49

D
Deckel, Kabelkanal 62
Deformierung 64
Dokumentation 77
Doppelgeflecht 63
Dreiecksverlegung 50

E
Eindringtiefe 40
Einfachgeflecht 63
Einleiterkabel 39
Einstrahlung 36
EMV-Checkliste 31
EMV-Gesetz 18
Entlastungsleiter 68
Erdung 19
Erdungsschiene 67

F
Fehlerstrom 70
Fundamenterder 47, 70
Funktionserdung 53

G
galvanisch 36
Germanischer Lloyd 50
getrennte Verlegung 46
gewickelte Folie 63

I
Impedanz 50
induktiv 36
Industriebereich 27
Installationsschleife 73

K
Kabelabfangschiene 64
Kabelbündel 50
Kabelpritsche 60
Kabelschelle 50
Kabeltragsystem 58
Kabelverschraubung 67
kapazitiv 36
Koaxialkabel 64
Kopplung 37
Kreuzen 62
Kupferband 61

L
Leiterschleife 73
leitfähige Teile 40, 53
Lichtwellenleiter 72

M
magnetisches Wechselfeld 39
Maschinenrichtlinie 24
Masseverbindung 53
Massung 53
Mehrfacheinspeisung 47

N
Neutralleiter 49
Neutralleiterstrom 88
niederimpedant 60
Niederspannungsrichtlinie 24
Notstromversorgungssystem 49
Nutzungsänderung 18

O
Oberschwingung 88

P
parallele Verlegung 49
PEN-Leiter 45
Pigtail 67
Platte, metallene 62
Potentialausgleich 19
Potentialausgleichsverbindung 41
Potentialdifferenz 69
Potentialunterschied 53

Q
Quetschung 64

R
Reserveader 66

S
Schirmentlastungsleiter 72
Schirmung 19, 57
Schirmwirkung 58, 61
Schlagweite 50
Schleife
– Kopplung 19
– metallene 19
Schleifenbildung 74
Schutzklasse I 53
Schutzleiter 60, 74
– unabhängiger 74
Schutz, mechanischer 55

Schutzpotentialausgleich 53, 60
Schutzpotentialausgleichssystem 60
Skin-Effekt 31, 60
Stapelhöhe 61
Steckerpin 62
Sternpunktverbindungsleiter 48
Störquelle 35
Störsenke 36
strahlenförmige Verlegung 65
Streuströme 40
Stromaufteilung 50
System nach Art der Erdverbindung 19

T
Teilstrom 44
TN-C-System 40
TN-S-System 44, 70
Tore 31
Trennung 19, 57
Triax-Kabel 63
TT-System 70

U
Umrichter 63
umschaltbar 48
USV 49

V
vagabundierend 40
Verdrehen 64
Verdrillung 39
Verlegeweg 62
Verrödeln 67

W
Wärmeabfuhr 58
Wohnbereich 27

Z
Zopf 67

VDE VERLAG

Technik. Wissen. Weiterwissen.

Siegfried Rudnik

Hilfsstromkreise Steuerstromkreise

VDE-Schriftenreihe – Normen verständlich **151**

Erläuterungen zur DIN VDE 0100-557 und DIN EN 60204-1 (VDE 0113-1) zum Thema Hilfs-, Steuer- und Messstromkreise, mit Informationen zur elektromagnetischen Verträglichkeit (EMV) entsprechend DIN VDE 0100-444

Mit Technikwissen sichergehen:
Informationen über die grundlegenden Anforderungen für Hilfsstromkreise!

Erläutert werden die speziellen Anforderungen, die sich aus der Gesamtheit der DIN VDE 0100-557 ergeben.

2013. 125 Seiten
24,– €

[e]-Book

Preisänderungen und Irrtümer vorbehalten.

Bestellen Sie jetzt: (030) 34 80 01-222 oder www.vde-verlag.de/150771

VDE
VERLAG
Technik. Wissen.
Weiterwissen.
DIN VDE 0100
Normen
Herbert Schmolke
Potentialausgleich,
Fundamenterder,
Korrosionsgefährdung
VDE-Schriftenreihe
Normen verständlich
DIN VDE 0100,
DIN 18014
und viele mehr
8., komplett überarbeitete Auflage
35
Mit Technikwissen sichergehen:
Mit Lösungen zu den in der Praxis vorkommenden Problemen!
Alle Interessenten erhalten mit diesem „Klassiker" eine Fülle von Anregungen und Hinweisen zum Potentialausgleich, zu Fundamenterdern sowie zur Korrosionsgefährdung.
8., komplett überarb. Auflage
2013. 303 Seiten
29,– €
e -Book
Preisänderungen und Irrtümer vorbehalten.
Bestellen Sie jetzt: (030) 34 80 01-222 oder www.vde-verlag.de/150772

VDE VERLAG

Technik. Wissen.
Weiterwissen.

Mit Technikwissen sichergehen:

Darstellung der Texte der Normenreihen VDE 0100 und VDE 0800 in Bezug auf die EMV!

Die VDE-Schriftenreihe zeigt praktisch umsetzbare Wege zur Zusammenführung beider Normenwelten auf.

Herbert Schmolke
EMV-gerechte Errichtung von Niederspannungsanlagen

Planung und Errichtung elektrischer Anlagen nach den Normen der Gruppen 0100 und 0800 des VDE-Vorschriftenwerks

126

VDE-Schriftenreihe – Normen verständlich

2008. 368 Seiten
29,– €

e-Book

Preisänderungen und Irrtümer vorbehalten.

Bestellen Sie jetzt: (030) 34 80 01-222 oder www.vde-verlag.de/150773

VDE
VERLAG

Technik. Wissen.
Weiterwissen.

Anton Kohling (Hrsg.)

EMV

Umsetzung der technischen und gesetzlichen Anforderungen an Anlagen und Gebäude sowie CE-Kennzeichnung von Geräten

2., vollständig überarbeitete Auflage

Mit Technikwissen sichergehen:

Das praxisorientierte Handbuch für die tägliche Arbeit!

Vermittelt werden die notwendigen EMV-Maßnahmen – von der Planungsphase bis zur Fertigstellung und CE-Kennzeichnung, vom Gerät bis zur großflächigen ortsfesten Anlage.

2., vollständig überarb. Auflage
2012. 543 Seiten
109,– €

e-Book

Preisänderungen und Irrtümer vorbehalten.

Bestellen Sie jetzt: (030) 34 80 01-222 oder www.vde-verlag.de/150774